親授 20 款實用
居酒屋下酒菜
一醬多變，輕鬆變身日式餐桌，天天吃包！

蕭維剛——攝影
王祥富——著

職人
醬魂
料理帖

PREFACE

作者序

「醬」讓日式餐桌變豐盛又美味

　　從事日料職人三十個年頭過去，一路走來認識了很多日本料理師傅，並在他們的身上，學習到烹調日本料理的精髓，特此感謝不厭其煩指導我的師傅們。

　　同時身為食譜書愛書人的我，不管是台灣的食譜書或是每回從日本空運寄來的日食雜誌，每每在閱讀中都督促著我精進，對於每個烹調手法下足心血，找出傳統的做法和口味，用實作方法來調整出台灣人適合的口味，期望在探索中更貼近烹飪者和饕客的需求。

　　並且，阿富在每個料理階段，也都會出一本屬於「愛料理的朋友」的食譜，將自認為最完美的料理都端上書，這次的主題則是「醬」。雖然市面上已經有許多醬料類的食譜書，但我出這本書的主要目的是，想要與大家分享「選好醬」、「做好醬」、「吃好醬」。

　　大部分的人對於醬汁是多麼陌生又熟悉，之所以會感到熟悉，那是因為幾乎每一餐都有醬汁，但多數人卻並不知道、不清楚該如何調製醬汁，也不了解其中使用到的調味料是如何生產的。

　　在這次的新書中，阿富特別選出獨家特製的20種「實用和風醬料」，每種醬汁都能烹調出3～4道的料理，舉凡輕鬆上菜的快手料理、居酒屋下酒菜、一人份的丼飯麵食，不但可以做出經典的日式料理，還能一醬多用，做出不一樣的創意私房菜！書中還特別收納了阿富這十幾年來獨特的創作料理，與熱愛日式料理、喜愛烹飪的大家分享，希望大家會喜歡。

王祥富

如何使用本書

① 此道料理所屬主題、類型的篇章。

② 料理完成圖，光用看的就垂涎欲滴。

③ 料理名稱，讓人躍躍欲試。

④ 料理的由來、做法、風味等介紹。

⑤ 這道料理使用的「實用和風醬料」。

⑥ 依配方烹調料理的建議食用人數份量。

材料單位換算表

- 1大匙 = 15cc
- 1小匙 = 5cc
- 少許 = 稍微加一些即可。
- 適量 = 依個人口味斟酌。

判斷油溫

將竹筷插入油鍋，觀察冒泡的狀況來判斷。

- **低油溫 130°C～150°C**
  竹筷周邊緩緩冒出小氣泡。

HOW TO USE THIS BOOK

明太子醬唐揚雞

「唐揚雞」在日本料理中是沾裹乾粉後去油炸，多表酥脆，裡面多汁，炸好後拌入明太子醬，使整體吃起來風味十足。

明太子奶油醬
▶ P.27

份量 3～4 人份

■ 材料 Ingredients

雞胸肉 200g、紅甜椒 1／4 個、黃甜椒 1／4 個、甜豆莢 3 片、太白粉適量

■ 醃料 Marinade

薄口醬油 1 大匙、味醂 2 小匙、薑泥 5g、蛋黃 1 粒

■ 調味料 Seasoning

明太子奶油醬 50g

準備處理

● 雞胸肉切塊；紅甜椒、黃甜椒去籽，切條；甜豆莢切除蒂頭。

1. 雞肉塊加入醃料拌勻，醃漬 20 分鐘。

2. 取出雞肉塊，均勻沾裹上太白粉。

3. 放入 160℃ 的油鍋，炸至表面定型。

4. 取出，靜置 5 分鐘。

5. 雞肉塊、蔬菜分別放入 180℃ 的油鍋，炸 45 秒，取出。

6. 取調理盆，加入炸好的雞肉塊、明太子奶油醬拌勻。

7. 再加入炸好的蔬菜拌勻即可。

TIPS

🍀 二次油炸法，第一次的油溫為 160℃，為了固定外表和使雞肉受熱，第二次的油溫為 180℃，為了使雞肉酥脆且封住肉汁。

 材料一覽表，正確的份量是烹調成功的基礎。

 調味料一覽表，正確的份量是美味的關鍵。

 材料切割、浸泡等事前準備。

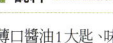 詳細的步驟圖，對照烹調過程是否正確。

 詳細的步驟文字解說，清楚詳細不出錯。

 師傅的烹調關鍵訣竅、小撇步大公開。

● **中油溫**
150℃～170℃
竹筷周邊不斷冒出氣泡。

● **高油溫**
170℃～210℃
竹筷周邊冒出大量大氣泡。

目錄

作者序 「醬」讓日式餐桌變豐盛又美味 … 2

如何使用本書 … 4

索　引 本書使用食材與相關料理一覽表 … 166

本書使用的器具 … 10

認識和風調味料 … 14

CHAPTER. 1
職人廚房常備 實用和風醬料

製作醬汁・醬料的基礎知識 … 20
- POINT 1　正確測量材料的份量
- POINT 2　製作醬汁、醬料的技巧
- POINT 3　用醬汁、醬料變化料理的祕訣
- POINT 4　醬汁、醬料的保存方法

柴魚高湯 … 22
香菇高湯 … 22
昆布高湯 … 23
小魚乾高湯 … 23
山葵油醋醬 … 24
百搭山葵美乃滋 … 24

山葵蔥鹽醬	25	祕製昆布味噌	29
奶油味噌	25	梅子油醋醬	30
田樂味噌醬	26	紫蘇蒜香奶油醬	30
西京味噌	26	照燒醬	31
和風水果醋	27	萬能八方汁	31
明太子奶油醬	27	萬用蟹粉醬	32
果香燒肉醬	28	壽喜燒醬	32
柚子味噌醬	28	蒜香味噌	33
胡麻醋	29	鹽麴鰹魚醬	33

CHAPTER. 2

三兩下輕鬆上菜
快手料理

山葵風溫野菜	36
香煎牛排佐山葵洋蔥醬	38
山葵風三鮮拌物	40
酥炸豬排佐山葵美乃滋	42
香煎雞腿佐山葵蔥鹽醬	44
豆腐田樂燒	46
豚里肌果香醋燒	48
炙燒牛肉洋蔥捲	50

明太子醬唐揚雞	52	紫蘇梅香海老	68
海老明太子燒	54	酒蒸蛤蜊奶油風	70
深夜燒肉	56	醬燒雞肉炒野菇	72
香煎果香豚五花	58	豚生薑燒	74
香橙海鮮釜燒	60	旨煮鮮魚	76
豚五花涮涮鍋	62	蟹香茶碗蒸	78
時蔬胡麻拌物	64	豚肉鹽麴燒	80
酥炸魚排佐梅醬	66	鹽麴醬涼拌時蔬	82

CHAPTER. 3

讓你再喝好幾杯
居酒屋下酒菜

山葵風雞肉沙拉	86	山藥明太子焗燒	110
山葵風水果沙律	88	槍烏賊柚香拌物	112
山葵風馬鈴薯沙拉	90	香柚蒸魚	114
山葵蔥鹽牛培根	92	昆布味噌蔬菜棒	116
奶油味噌燒野菜	94	小白魚昆布味噌豆腐	118
九孔奶油味噌燒	96		
鮮魚味噌煮	98		
雞肉田樂味噌燒野菜	100		
鮭魚西京燒	102		
豚五花味噌燒	104		
鮮魚魚田燒	106		
水果醋酒蒸鱸魚	108		

山藥海老拌梅香	120	蒜味噌蒸魚	130	
海之幸陶燒	122	扇貝蒜味燒	132	
雞肉串燒	124	鹽麴淺漬黃瓜	134	
豚肉野菜焚合	126			
牛肋排香蒜燒	128			

CHAPTER. 4

飽足感 100 分
一人份の丼飯麵食

山葵蔥鹽醬燒豚丼	138
奶油味噌鮭魚丼	140
明太子天使髮絲麵	142
牛肋條燒肉丼	144
豚肉胡麻冷麵	146
昆布味噌烤御飯糰	148
紫蘇奶油海鮮麵	150
照燒雞腿丼	152
蟹肉蕎麥冷麵	154
蟹粉炊飯	156
蟹香海鮮雜炊	158
牛肉壽喜燒丼	160
壽喜燒風親子丼	162
牛肉壽喜燒烏龍麵	164

本書使用的器具

從廚房裡必備的鍋具到增添風味的輔助工具，善用器具，不只能節省時間、降低失敗機率，達到事半功倍的效果，以下將介紹各種日式料理中常用的器具，讓烹飪更得心應手，輕鬆完成豐盛美味的日式餐桌！

鍋具　　　　　　　　　　　　　　　　　Pots

平底鍋 & 鍋鏟
烹調的基本鍋具，可依照個人需求及習慣的烹調方式來選購，平底鍋受熱效果較均勻，適合煎、炒類烹調。搭配鍋鏟，拌炒時用來翻動食材，拌炒時用來翻動食材，最好配合鍋具大小及材質來挑選適合的鍋鏟。

炸鍋 & 炸物籃
油炸食材的工具，炸鍋具有足夠的深度，能用適量的油量確實覆蓋食材，提供穩定的油溫環境，搭配炸物籃，用於盛裝油炸食材，輕鬆放入油鍋和取出，且便於確認油炸狀態，安全又方便。

單柄湯鍋
建議挑選導熱快速的湯鍋，可以放在瓦斯爐、電磁爐烹煮，容量以 1.5 ～ 3 公升為佳，用於烹煮醬汁、湯汁以及煮水氽燙食材。附有防燙把手更安全使用，方便拿取，傾倒湯汁更輕鬆。

本書使用的器具

測量工具　　　　　　　　　Measuring Tools

量杯
測量米、液體材料份量的器具，容量為180cc。使用時，必須放在平坦處，以側面水平平視刻度線才準確。電鍋的蒸煮時間也是以米杯水來估算，每杯約15～20分鐘。

量匙
用來測量粉類材料、調味料的器具。舀滿再刮平匙，份量才會準確。標準量匙一組有4支，分別為15cc的1大匙、5cc的1小匙、2.5cc的1/2小匙、1.25cc的1/4小匙。

電子秤
用來測量材料重量的器具，讓備料份量更為準確，降低烹調失敗的機會。秤量時，記得將裝盛容器的重量扣除，份量才會無誤。建議選擇電子秤，準確率較高，並有歸零功能，使用上方便許多。

輔助工具　　　　　　　　　Assistance Tools

刀具
切割食材時使用。依食材特性來挑選適合的刀具，最常見的為菜刀、剁刀、水果刀等。建議至少準備兩把菜刀，分別用於生食與熟食，避免細菌交叉感染。用完之後立即洗淨，放在通風處晾乾即可。

砧板
市面上常見的砧板材質有木頭製、塑膠製兩種。市面上有販售標註尺寸的砧板，可依照個人使用需求挑選。另外，建議生食、熟食最好使用不同的砧板，以確保安全衛生，洗淨後放在通風處晾乾即可。

11

輔助工具

料理剪

用來剪開食材，省去使用菜刀的麻煩，如草蝦剪開背部，剪掉頭部尖刺、長鬚，或是剪斷粉絲等，讓備料更快速方便。刀刃材質建議挑選不鏽鋼，防鏽易清潔。

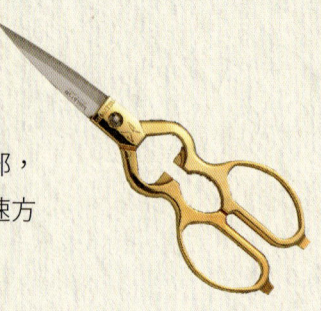

調理盆

用來浸泡食材的容器，如日本山藥泡水，避免變黑，或是加入醃料拌勻，將食材醃漬至入味。可依不同需求選擇大小與材質。通常以不鏽鋼、玻璃材質為佳，建議多準備幾個不同尺寸的調理盆。

調理碗

碗狀的容器，用於攪拌、混合調味料、食材，如是有刻度的調理碗，也可以用來測量份量，非常方便。有把手的設計，可以更穩定操作使用。通常以不鏽鋼、玻璃材質為佳。

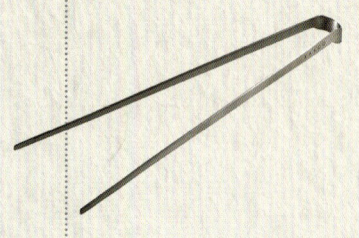

調理長筷 / 調理長夾

烹調或攪拌餡料時可以使用的工具，常見以木製長筷為多，方便高溫加熱使用。有些不方便用鍋鏟翻拌的食材，就能用長筷、長夾代替，清洗後務必晾乾，以免潮濕而導致發霉狀況。

本書使用的器具

Assistance Tools

削皮刀

用來去除蔬果外皮、太老的纖維，或用來將食材削成薄片狀，讓食材更容易入口或便於後續烹調。可以根據不同需求挑選適合的材質及尺寸，握起來順手即可。

濾網

用來過篩麵粉等粉類材料所使用的工具，目的是避免結塊，讓粉類更為細緻。或是能有效地過濾食材中的雜質，如蛋液，讓料理更加細緻美味。可以根據需求來挑選尺寸即可。

打蛋器

用來攪拌、打發食材，使食材混合均勻或產生蓬鬆的口感，如蛋液或醬料。選購網狀鐵線較具有彈性，非常容易攪拌，能更輕鬆將食材混合均勻，也比較方便清洗。

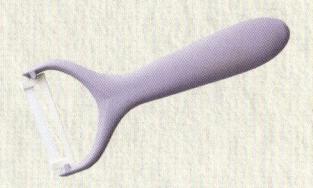

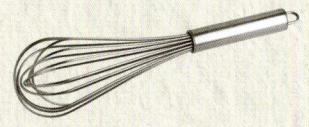

磨泥器

用於將食材磨成泥狀或細末，如蒜泥、薑末、白蘿蔔泥或是新鮮山葵。根據食材和使用需求，刀刃有粗細之分。建議挑選不鏽鋼材質，耐用且不易殘留異味。

烤箱

用來烘烤食材的廚房家電，使用前必須先預熱 10～15 分鐘，讓溫度達到恆溫的狀態，再將準備烘烤的食物放入烤箱。本書標註的烤溫、時間僅供參考，請依自家烤箱的功率、狀態來調整。

認識和風調味料

和風調味料是日式料理的靈魂，以天然食材為基底，經長時間的醞釀，交織出豐富多變的風味。從濃郁鮮甜的醬油，甘醇溫潤的味醂，以及酸甜滋味的醋，每一種調味料都承載著日本的飲食文化。

在日本料理中，調味的目的主要有兩點，其一是在不過度破壞食材的味道的前提之下，加強主要食材的味道；其二是為食材增添新的風味，而任何料理調味都有順序，日本料理也不例外。

鹽比較容易滲入食材，所以調味時，要先加入不易溶解的糖。醋如果太早加入容易發生變味的情況，所以通常會在最後加入。醬油主要是為料理提味、增色，但太早調味會使其食材變色。如果料理中會加入味噌調味，通常會最後加入，主要原因有兩點，加熱過久容易使料理變得太鹹，以及加熱過久會破壞原本味噌的香味。

除了酸甜苦鹹之外，根據池田菊苗教授的研究，鮮味（日語：旨味／うまみ）會引導舌頭分泌唾液，刺激喉嚨、口腔的上方和後方，使多種食物令人垂涎，特別是配合香味，但有別於酸甜苦鹹，鮮味不含蔗糖，唯有在適當濃度下能帶來愉悅的感覺。

而和風調味料不僅能凸顯食材的原始美味，更能為增添風味、旨味，展現出獨特的日式風情。就讓我們一起探索和風調味料的世界，為餐桌帶來更多驚喜！

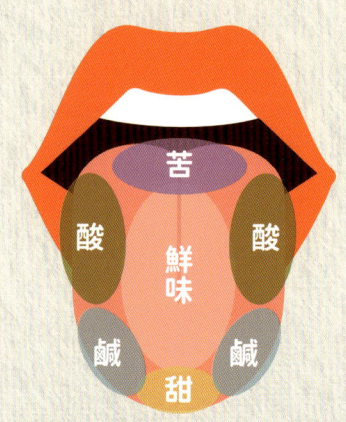

醬油 Soy sauce

以大豆爲主要原料,加入麴菌發酵製成的調味料,具有增添美味、色澤、香味、鹹味的作用,在中式、日式料理之中,都是不可或缺的調味料。開瓶接觸空氣之後,就會氧化而改變風味,所以需要放入冰箱冷藏保存。

昆布香菇和風露
熬煮昆布和香菇萃取其精華而成的日式高湯爲基底,再加入醬油、味醂等製成調味醬汁,融合了昆布的鮮甜和香菇的濃郁,風味爽口鮮甜,層次豐富,適合各式蒸、煮、拌、炒等料理,以1:8兌水後,即可做爲昆布高湯使用。

薄口醬油
又稱淡口醬油,是日本關西地區常用的醬油,與濃口醬油相比,釀造週期短,顏色較淡,鹽度較高,用於增加料理中醬油基底的鹹度,或爲了料理的美感降低醬色。容易滲入食材,使其變得緊實,所以儘量在最後再加入。本書使用的爲白曝醬油。

濃口醬油
濃口醬油是日本最常見的醬油種類,即爲家庭常用的一般釀造醬油,色澤呈現深紅褐色,味道適中,鹹中回甘,香氣濃郁,風味佳。濃口醬油用途廣泛,且能以自然發酵的純釀醬油或黑豆純釀醬油來替代。

味醂 Mirin

日本料理特有的調味料，因酒精法的緣故，在日本和台灣分爲「本味醂（純味醂、醇米霖）」、「味醂風調味料」兩種。能增加料理的光澤度及甘甜味，讓魚、豆腐等食材變得緊實並去除腥味。

本味醂（純味醂）是由糯米與米麴或燒酒，經過混合、發酵、熟成所製成的。在日本標準的本味醂的酒精成分最高有13%，使用時大多會加熱去除部份酒精。味醂風調味料則是在糖液中調入本味醂，中和至酒精濃度只有1%，因此其顏色與味道較本味醂差。

本味醂的製程

製麴（梗米） → 混合（糯米） → 熟成 → 壓濾 → 調理

醋 Rice Vinegar

一般料理使用的是釀造醋，糯米醋（酢）則是以糙米爲原料經長時間發酵而成，色澤呈淡黃色或琥珀色，除了醋酸味，尾韻會產生旨味（うまみ）。醋是酸味的主要調味料，能讓食材變軟、去除澀味、增添色澤。

大閘蟹粉 Frozen Crab Meat

從大閘蟹拆出蟹肉、蟹黃與蟹膏混合製成。味道鮮美濃郁，口感豐富，結合了蟹肉的細嫩，蟹黃的綿密，蟹膏的黏稠，能爲料理提鮮，增添口感及配色。

山葵 Wasabi

山葵（わさび）在日本料理中會用鮫魚皮製成的磨板，將新鮮山葵研磨成泥並使其香味釋放。眞山葵的口感，入口清香，舌感微刺激，沖鼻感只有一瞬間，尾韻口感微甜。用於料理能去除食材異味、增加口味層次、提升風味、去油解膩。

山葵油醋醬 Wasabi Vinaigrette

爲結合了日式山葵與西式油醋醬的調味醬料。山葵的辛辣能刺激食欲，油醋醬的酸甜清爽則能平衡味蕾，形成完美的搭配。適合搭配生菜沙拉、海鮮、肉類、涼拌菜等料理，帶來豐富且多層次的口感。

認識和風調味料

味噌 Miso

由黃豆、米、麥的麴發酵製成的調味料，麴愈多會愈甘甜，依照麴的種類可以分為米味噌、麥味噌、豆味噌，使用兩種以上的味噌搭配使用，能使味道變得濃郁有層次。烹調時，味噌加熱太久會失去香氣而且變鹹，搭配魚肉、海鮮食材則能消除其腥味。

味噌的製程

製麴（米麴）→ 混合（黃豆）→ 熟成（低溫發酵）→ 熟成（靜置）

白味噌 —— 味道甘甜

源自日本京都，製作材料以黃豆為主，米為輔，加入糖釀造而成，米麴含量高，其特色在於發酵時間較短，因此顏色呈現淡黃色或米白色，味道香濃，偏甜且溫和，口感細緻，適合醃漬、烹煮海鮮，如西京燒等，增添柔和的甜味及層次感，用在想強調食材本身風味及味道的料理。

赤味噌 —— 醬油香氣

雖然一樣是豆味噌，以黃豆、米麴和鹽為原料，但赤味噌經過發酵和兩年的發酵期，發酵時間較長，使顏色變成赤紅色，而氣味更為濃厚且味道更鹹，帶有微酸味和獨特豆香。因為赤味噌風味強烈，適合燉煮料理，或使用在重口味料理，燒烤肉類等。

米味噌（信州風）—— 發酵香氣

米味噌是日本最常見的味噌種類，發酵時間較短，將米與黃豆依比例低溫發酵熟成，口感細緻滑順，自然回甘風味香醇，帶有清爽的發酵味，風味可依需求挑選濃厚、清香，適合燉煮、醃漬料理的調味料，以及製作成沾醬使用。

17

CHAPTER 1

職人廚房常備
實用和風醬料

醬料能為料理的風味關鍵,以及增添豐富層次,是美味與否的關鍵之一,透過職人精心調配的 20 款實用和風醬料,如祕製昆布味噌、果香燒肉醬、壽喜燒醬等,並分享自製醬料的秘訣以及 4 款高湯,讓你在家輕鬆做出道地日本味。

CH. 1 | 職人廚房常備
實用和風醬料

製作醬汁・醬料的基礎知識 ★★★★★

POINT 1 正確測量材料的份量

醬料的配方比例至關重要，要如何準確拿捏份量？使用電子秤是最好的選擇，不論是液態還是固態調味料，每一次都可以很準確的量出重量（1公克＝1cc）。

如果是使用量杯，會因視角不同而有視覺誤差，量匙在量粉狀的調味料時，如果沒有保持平匙也會有誤差。但不論用什麼樣的測量器具，最後還是需要記憶醬料的味道。

POINT 2 製作醬汁、醬料的技巧

製作醬汁、醬料會使用到的材料，大致分成五辛食材如蒜、薑、蔥、辣椒、洋蔥等，與香味食材如生山葵、紫蘇、梅子、檸檬等，為了從這些食材中提取香氣，大多會使用「浸泡法」，等到萃取香氣後，就可以過濾取得醬汁。

將醬汁過濾之後，可以使口感更為細致，而且也會增加味道的層次感，或是直接研磨至最小的粉狀或成泥狀。

由左至右：浸泡法、過濾、隔水加熱

製作醬汁時，為了將不同調料完美溶合，會透過加熱熬煮的方式。如是泥狀的醬料為了避免產生焦味，則需要隔水加熱。加熱後的醬汁，需要降溫才能溶合口感。

製作醬汁・醬料的基礎知識

POINT 3 用醬汁、醬料變化料理的祕訣

在製作醬汁、醬料時，可以先定位好適合的手法，比如偏酸的醬汁、醬料就比較適合涼拌、淋醬的料理手法，口味上也較適合蔬果、海鮮。

而醬油類型的醬汁，有鹹甜交錯的口感，需要加熱才能引出香氣，搭配魚、肉料理則比較洽當。

不論如何變化醬汁、醬料，都是在輔助食材的本味，提升料理的層次，所以不需過多的調味。

POINT 4 醬汁、醬料的保存方法

使用保鮮膜密封好不讓多餘水份侵入，水份會使醬汁、醬料風味改變，而且有可能會滋生細菌。

將製作好的醬汁、醬料裝入密封性良好的器皿之中，放入冰箱冷藏，與空氣接觸越少，保存的時間就越久。

醬汁、醬料能以「加熱法」延長保存期限，只要將其回鍋加熱一下即可，但必須注意溫度控製，以中小火煮至剛好沸騰。

右：以「加熱法」延長保存期限
下左、下右：使用保鮮膜密封、裝入密封性良好的器皿

CH. 1 職人廚房常備 實用和風醬料

柴魚高湯

柴魚高湯取第一次稱為「一番高湯」，比較濃郁，口感厚實，可做為醬汁基底，也能當作比較濃郁的湯頭，如壽喜燒。使用原柴魚片煮第二次稱為「二番高湯」，有淡淡的柴魚香氣，口感清爽，一般用於有風味的食材湯底，如魚清湯、蛤蜊湯。

柴魚其正式名稱為鰹節（かつおぶし），因為燻烤乾燥後像木柴而得名，又稱乾鰹魚，是以鰹魚腹部後方的魚肉加工而成的魚乾，將其刨成一片一片的食品稱為鰹魚乾片，即是柴魚片。

材料
飲用水 1000cc、柴魚片 20g

做法
1. 取湯鍋，加入水，煮沸騰，放入柴魚片。
2. 以小火煮 10 秒，關火，浸泡 10 分鐘。
3. 倒入料理紗布巾，過濾出高湯即可。

TIPS
- 柴魚片除了含有麩胺酸鈉外，還帶有濃郁的鮮香味，一般都使用沖泡法來取高湯，如果煮太久，會使香味跑掉。
- 過濾高湯時，切記不要擠壓柴魚片，否則會釋出苦澀味。
- 避免選擇顏色過深、過於潮濕或有異味的柴魚片。

香菇高湯

鮮香菇脫水後即是乾香菇，會產生特有的濃郁香氣。香菇高湯濃郁的香氣和風味，為料理增添了層次感，適合搭配蔬菜、豆腐、肉類燉煮，或製作成醬汁。香菇高湯可以單獨使用，也可以與昆布高湯混合，製作出風味更豐富的日式高湯。

材料
乾香菇 30g、飲用水 1000cc

做法
1. 乾香菇沖洗乾淨。
2. 取湯鍋，加入冷水、乾香菇，浸泡 30 分鐘。
3. 以中小火煮至沸騰，轉小火再煮 20 分鐘。
4. 關火，浸泡 1 小時。
5. 倒入料理紗布巾，過濾出高湯即可。

TIPS
- 乾香菇只要快速沖洗表面灰塵即可，不要沖洗、浸泡過久，以免香氣流失。
- 乾香菇密度比較高，但香味特別濃郁，必須先用冷水浸泡出風味。
- 乾香菇煮出其甘甜後，不但可以取高湯，香菇仍然可以使用。

常用高湯 | SOUP

昆布高湯

昆布高湯是日本料理中最基本的基底湯，適合與各式食材一起烹調。在日本各海域有各式不同品種的昆布，所煮出來的昆布高湯也各有不同，其中製作昆布高湯常用的昆布有以下幾種：

- **眞昆布**：產地位於北海道道南，是昆布當中最高等級的，煮出的高湯甘味最高，湯汁透明溫和，是京都高級料理最愛使用的昆布之一。
- **羅臼昆布**：北海道北部羅臼地區產，是第二高級的昆布，顏色帶點紅褐色，煮出來的湯汁很濃厚，色澤也比較金黃，是關東料理最喜歡使用的昆布之一。
- **利尻昆布**：是排名為第三等級的昆布，顏色較為深綠，為一般日式料理中經常使用到的昆布。
- **日高昆布**：是各種昆布種類之中，最柔軟的昆布，很容易就可以煮出高湯，也能順口吃掉，一般家庭日式料理選擇這種就可以。

材料
昆布 15g、飲用水 1000cc

做法
1. 使用濕布擦拭昆布表面。
2. 取湯鍋，加入冷水、昆布，浸泡 6 小時以上。
3. 以中火加熱，煮至快沸騰。
4. 沸騰前，取出昆布，關火即可。

TIPS
- 昆布表面有白色結晶，這是自然生成的麩胺酸鈉，也就是一般所稱的味精，所以使用之前不要清洗，用濕布擦過即可。
- 浸泡昆布的水含有麩胺酸鈉，所以不需要久煮。

小魚乾高湯

帶有鹹味且海味十足的小魚乾高湯，所使用的小魚乾種類有丁香魚、鯷魚、堯魚等，會以高濃度的鹽水清洗後，日曬或煙燻脫水，因此高湯中會含有鹽份。小魚乾高湯一般會用在沾醬或醬汁，如涼麵醬汁或和柴魚、昆布混合煮成火鍋高湯。

材料
丁香魚乾 30g、飲用水 1000cc

做法
1. 丁香魚乾剝去魚頭、肚子。
2. 取湯鍋，加入水、丁香魚乾，以中火煮至沸騰。
3. 倒入料理紗布巾，過濾出高湯即可。

TIPS
- 剝去魚頭、肚子是因為這兩部份含有血塊，煮後會有腥味，去除後可以讓高湯味道更美味。
- 熬煮過程使用中火，避免大火煮滾，以免湯頭混濁。
- 煮至沸騰即可，不宜熬煮過久，容易會產生苦味。

CH. 1 職人廚房常備 實用和風醬料

山葵油醋醬

真山葵能去除食材異味，提升鮮味，增加料理層次感，但山葵研磨後會氧化、變色、變味，製作成油醋醬不但可以保存山葵風味，使用還能更多元，可用於沙拉、涼拌、沾醬，肉類、海鮮料理等。

材料
昆布醬油 4 小匙、味醂 25cc、細砂糖 25g、山葵醬 120cc、橄欖油 100cc、糯米酢 100cc

做法
1. 取鍋子，加入昆布醬油、味醂、細砂糖，隔水加熱至完全溶解。
2. 加入山葵醬、橄欖油、糯米酢攪拌，使其混合即可。

TIPS 隔水加熱至細砂糖溶解即可，不要過度加熱，會造成醬汁變味。

百搭山葵美乃滋

因為山葵的加入，可以使原本口感油膩的沙拉醬，變得清爽順口，融合了美乃滋的濃郁滑順與山葵的獨特辛辣，誕生出令人驚艷的、不一樣的美味，可以廣泛用於炸物、拌物等料理，也能做為沾醬或抹醬。

材料
白味噌 40g、山葵醬 120cc、日式美乃滋 80cc、台式美乃滋 4 小匙

做法
1. 白味噌加入山葵醬拌勻。
2. 再加入日式美乃滋、台式美乃滋拌勻。
3. 放入冰箱冷藏 10 分鐘即可。

TIPS 拌勻的美乃滋需要放入冷藏靜置，口感會比較融合。

實用醬料 | SAUCE

山葵蔥鹽醬

由山葵的嗆辣與洋蔥、青蔥的辛香以及鹹味交織而成，蔥鹽醬經常運用在日式燒烤中油脂豐富的肉類，不但可以解油膩，還能增加清爽的口感，然後我增添了山葵醬，使其又多了一層風味。

材料

洋蔥1個、青蔥4支、薑20g、蒜仁30g、白胡椒鹽少許、鹽1小匙、細砂糖1小匙、香油2大匙、山葵醬50g

準備處理

洋蔥、青蔥切碎；薑、蒜仁磨成泥。

做法

1. 洋蔥、青蔥、薑泥、蒜泥、白胡椒鹽、鹽、細砂糖拌勻。
2. 香油加熱淋入拌好的材料。
3. 再加入山葵醬拌勻即可。

TIPS 將加熱的香油淋入辛香料中，可以殺菁、釋放香氣並融合其口感。

奶油味噌

味噌本身鹹中帶有發酵的酸，然後以奶油包容兩者，加入砂糖平衡味道，最後用蛋黃融合，這是我自創的新味覺，為和洋料理的產物，由東、西方兩種不一樣的食材結合而成，運用上也可以日料西餐合併。

TIPS 調拌好完的醬料放入冰箱快速冷卻，可以使口感、風味更佳。

材料

信州味噌100g、無鹽奶油40g、細砂糖2大匙、味醂50cc、清酒50cc、蛋黃1粒

做法

1. 將味噌、奶油、細砂糖、味醂、清酒混合拌勻後，隔水加熱拌煮至完全融解。
2. 加入蛋黃拌勻，煮至濃稠，放涼冷卻即可。

25

CH. 1　職人廚房常備　實用和風醬料

田樂味噌醬

「田樂」源於日本傳統農家的庶民料理,有「田園樂趣」的寓意。將食材抹上味噌再燒烤的烹調方式,簡單卻能呈現食材和味噌獨特的風味與香氣,是最好入門的味噌料理。

材料

冰糖 4 大匙、味醂 40cc、清酒 4 大匙、白味噌 100g、赤味噌 100g、蛋黃 4 粒

做法

1. 冰糖、味醂、清酒以小火隔水加熱至冰糖溶解。
2. 加入白味噌、赤味噌拌勻。
3. 加入蛋黃,關火,攪拌至完全融合。
4. 以小火再次拌煮 2 分鐘,放涼冷卻即可。

TIPS　以隔水加熱的方式,主要是怕直火會使味噌焦化。

西京味噌

西京味噌又稱白味噌,為少數加入細砂糖製做而成的味增,質感細緻,口味鹹中帶甜,都會註明甘口,流傳於京都一帶,為懷石料理不可缺少的調味料之一。有此一說:早期日本「細砂糖」是皇室貴族才能享用的舶來品,是高級的象徵,所以使用細砂糖烹調的料理都屬於高級料理,於是至今很多日本料理都偏甜。

材料

白味噌 400g、清酒 80cc、細砂糖 180g、醬油 140cc

做法

1. 所有材料混合攪拌均勻。
2. 隔水加熱,以小火拌煮至細砂糖溶化,放涼冷卻即可。

TIPS　材料中不含水份,醬汁可以保存比較久。

實用醬料 | SAUCE

和風水果醋

在日本稱為「檬醋」，是以 2～3 種柑橘等天然的酸甜味，與發酵醋調和而成的醬料，常用於火鍋、生魚片。不只能為料理提鮮，酸味能刺激食欲，更能吃出食材的甜味，用於涼拌也能展現出其風味，帶來清爽的味覺體驗。

材料　昆布 20g、清酒 100cc、濃口醬油 430cc、味醂 350cc、米醋 80cc、金桔汁 300cc、柳橙汁 100cc、細砂糖 100g、高湯用柴魚片 50g

做法
1. 昆布用清酒（份量外）擦拭乾淨，備用。
2. 取湯鍋，加入清酒，加熱去除酒精。
3. 濃口醬油、味醂、米醋、清酒、金桔汁、柳橙汁、細砂糖混合。
4. 加入昆布、柴魚片，封上保鮮膜，靜置室溫 24 小時。
5. 以濾網過濾掉昆布、柴魚片即可。

TIPS
♪ 清酒除了加熱，也可以點火去除酒精，不只能去除刺激味，還能使醬汁保持無菌狀態，延長保存時間。

明太子奶油醬

17 世紀，朝鮮半島東海岸的居民習慣將明太子魚卵醃製成鹹辣的口味食用，這便是明太子的前身。「明太子」一詞源於韓語，相傳是一位名為「太」的漁夫，在「明川」捕撈的某種魚很美味，於是人們便給這種魚起名「明太」，魚卵就稱成明太子。鹹辣的明太子加入奶油後，使口感更加溫柔，在料理上能有更多變化。

材料
無鹽奶油 200g、味醂 2 大匙、白味噌 4 小匙、台式美乃滋 50cc、明太子 500g

做法
1. 無鹽奶油、味醂、白味噌攪拌均勻。
2. 再加入台式美乃滋、明太子混合均勻。
3. 放入冰箱冷藏 30 分鐘，取出再次攪拌即可。

TIPS
♪ 無鹽奶油從冰箱拿出來，先放置室溫靜置，可以保持奶油的風味，並達到軟化的效果。

CH.1 職人廚房常備 實用和風醬料

果香燒肉醬

新鮮水果調出的燒肉醬汁，經過發酵後會有特殊的酸味，不但可以軟化肉質，也能提升鮮味，燒烤後融合油脂，水果的甜味能中和燒肉的油膩感，也能增添燒肉的香氣，又會產生不一樣的風味。

材料
老薑 25g、青蔥 50g、蘋果 100g、檸檬 1/2 個、清酒 500cc、紅酒 40cc、細砂糖 380g、濃口醬油 450cc、薄口醬油 90cc、味醂 90cc、蘋果醋 35cc、蒜泥 10g

準備處理
老薑洗淨，拍碎；青蔥切段；蘋果、檸檬切片。

做法
1. 蔥段放入烤箱，以 160℃烤 5 分鐘，取出備用。
2. 清酒、紅酒加熱燒去酒精，加入細砂糖，煮至溶解。
3. 依序加入濃口醬油、薄口醬油、味醂、蘋果醋，以中火煮沸。
4. 放入老薑、蔥段、蘋果片、檸檬片、蒜泥，轉小火，靜置 6 小時冷卻。
5. 倒入濾網過濾出醬汁，以中小火煮沸即可。

TIPS 帶皮檸檬不要浸泡超過 6 小時會使醬汁變苦。

柚子味噌醬

柚子是日本風味之一，也稱香橙、日本柚子，台灣沒有種植，但能買到柚子果醬。此款醬有柚子的清新香氣與味噌的醇厚，適合搭配魚肉、海鮮，為日式料理帶來新靈感。

TIPS 蛋黃加熱時鍋內溫度不能太高會使其凝固過快。

材料
清酒 200cc、柚子醬 80cc、薄口醬油 1 大匙、米味噌 100g、細砂糖 2 小匙、蛋黃 2 粒

做法
1. 清酒加熱燒去酒精。
2. 加入薄口醬油、細砂糖，隔水加熱至完全溶解。
3. 加入柚子醬、米味噌，以小火攪拌均勻。
4. 關火，加入蛋黃攪拌均勻，開小火覆熱後即可。

實用醬料 | SAUCE

胡麻醋

「胡麻」其實就是我們常說的芝麻，將焙煎過的芝麻散發出獨特的堅果香氣，以此為基底，加入白味噌、白醋等製成的醬料，帶有濃郁的芝麻香氣和滑順的口感，在日本料理中，胡麻醋通常出現在吃日式涮涮鍋時，做為肉類的沾醬，或是搭配拌物。

材料

細砂糖 4 小匙、白醋 4 大匙、薄口醬油 40cc、味醂 2 大匙、胡麻醬 90cc、白味噌 40g、蒜泥 5g

做法

1. 細砂糖、白醋、薄口醬油、味醂隔水加熱至完全溶解。
2. 加入胡麻醬、白味噌、蒜泥拌勻，放涼冷卻即可。

TIPS 建議選用「二重羽胡麻醬」來製作，那是經過二次研磨的胡麻醬，會比較細緻且味道濃郁。

祕製昆布味噌

「昆布味噌」將味噌發酵的醇厚鹹香與昆布的大海氣息完美融合，能為料理增添深度，可用於沾醬、烤御飯糰等，是一款可依自己喜好調整口味的「海苔醬」，而選擇不同品種的昆布，煮出來也會有不一樣的風味，使用變化多元。

材料

白味噌 50g、無調味海苔 10 張、昆布 10cm、醬油 2 小匙、味醂 50cc、清酒 200cc

準備處理

清酒加熱燒去酒精；海苔切碎；昆布切小塊，放入燒過的清酒，浸泡 6 小時。

做法

1. 清酒、昆布加入味醂、海苔，以小火煮至軟爛。
2. 放涼冷卻後，用攪拌機打成泥狀。
3. 加入白味噌混合。
4. 隔水加熱，煮至完全融合即可。

TIPS 清酒須完全燒去酒精，煮出來的昆布味噌才能保持昆布的香氣。

CH. 1 職人廚房常備
實用和風醬料

梅子油醋醬

濃郁的鹽漬梅子，口味鹹酸，用砂糖、味醂、蜂蜜三種不一樣的甜味調和，然後加入清爽的橄欖油，使口感變得柔順，平衡風味，其鹹酸甜香的味能刺激食欲，開胃解膩，特別適合搭配炸物做為沾醬使用。

TIPS 白酢隔水加熱時，不要加熱過久，細砂糖溶解即可。

材料
鹽漬梅 40g、白酢 600cc、細砂糖 50g、橄欖油 600cc、薄口醬油 50cc、味醂 4 小匙、蜂蜜 2 大匙

做法
1. 鹽漬梅去籽後，過篩成泥，備用。
2. 白酢加入細砂糖，隔水加熱至完全溶解。
3. 將全部材料混合拌勻即可。

紫蘇蒜香奶油醬

用奶油將紫蘇和歐芹的香氣融合，封在一起，在烹調時，就可以直接加熱使用，將濃郁的奶香，以及紫蘇、歐芹的芬芳釋放出來，為料理增添豐富的風味。

材料
蒜仁 100g、紫蘇葉 10 片、歐芹 5g、無鹽奶油 500g、鹽 4 小匙、細砂糖 2 小匙

準備處理
蒜仁、紫蘇葉、歐芹切細末；無鹽奶油放置室溫軟化。

TIPS 用保鮮膜包裹起來保存，要使用時再拿出來，分切所需的份量即可。

做法
1. 蒜末用熱水沖洗過濾。
2. 取鍋子，加入無鹽奶油 250g、做法 1、鹽、細砂糖，以小火慢煮，保持微溫煮出蒜香。
3. 關火，加入剩餘的無鹽奶油攪拌，再加入紫蘇葉、歐芹拌勻。
4. 放入冰箱冷藏 3 分鐘，待半固態狀。
5. 取出，使用保鮮膜包裹，捲成圓柱狀即可。

實用醬料 | SAUCE

照燒醬

經過一次次的燒烤，使食材表面如鏡面一般，所以稱為「照燒（てりやき）」。用醬油、味醂、清酒、細砂糖調製的基本醬汁，本身是沒有香氣的，須依靠食材的油脂增添風味，最具代表性的就是燒鳥，用燒烤過的雞骨，每次燒烤都會增加醬汁的油脂香，於是會將這醬汁重複使用。

材料 雞骨架 500g、濃口醬油 500cc、清酒 500cc、味醂 500cc、冰糖 200g、麥芽糖 200g、赤味噌 4 小匙

做法
1. 雞骨架洗淨，放入烤箱烤至焦黃。
2. 將全部材料放入鍋中，以大火煮沸，轉中小火保持沸騰，煮 1 小時。
3. 關火，放涼冷卻，靜置 12 小時。
4. 過濾取出雞骨，以中火煮沸即可。

TIPS
- 做法 2，在過程中可以不定時攪拌、去除油沫。
- 這款醬汁可冷藏保存 3 個月，每週重複煮沸騰保存。

萬能八方汁

日本料理中最基本的「八方汁」，是用一番柴魚高湯和醬油和味醂以 8：1：1 的比例調製而成的醬汁。煮各式食材都可以當做基本的味底，也可以說是百變醬汁。

材料
昆布 10cm、乾香菇 2 朵、水 800cc、濃口醬油 100cc、味醂 100cc、高湯用粗柴魚片 50g

準備處理
昆布、乾香菇泡水一個晚上。

做法
1. 昆布水以小火加熱 5 分鐘，取出昆布。
2. 加入醬油、味醂，以大火煮沸。
3. 放入柴魚片，轉小火煮 3 分鐘。
4. 關火，燜至冷卻後過濾即可。

TIPS
- 柴魚高湯的香氣是用燜出來的，而不是煮出來的。

CH.1 職人廚房常備 實用和風醬料

> **TIPS** 加入燒去酒精的清酒，可以有效地抑制細菌。

萬用蟹粉醬

「蟹粉」是由蟹肉和蟹黃混合而成，在秋蟹豐滿時，取蟹粉可以做各式料理的基底醬。而因應料理的需求，市面上也有販售大閘蟹蟹粉，可以省去自己挑蟹肉的麻煩，非常方便。然後，只要稍微調理一下，就完成這款萬用的醬料。

材料
清酒 100cc、鹽 4 小匙、味醂 2 大匙、薄口醬油 4 小匙、大閘蟹黃粉 200g

做法
1. 清酒加熱燒去酒精。
2. 加入鹽、味醂、薄口醬油，以小火煮沸。
3. 關火，加入大閘蟹黃粉拌均，放入冰箱冷藏降溫即可。

壽喜燒醬

壽喜燒醬的主要材料是糖和醬油，醬油煮過後會產生發酵的豆香味，尤其是純釀造醬油，那香味更是無可取代。而不同的糖，因密度、風味不同，製作出來的醬汁口感和風味也會不同。

材料
昆布 5cm、水 500cc、冰糖 100g、白砂糖 25g、濃口醬油 150cc、薄口醬油 25cc、清酒 80cc

做法
1. 昆布泡水 30 分鐘後，以小火煮 10 分鐘，水溫保持在 90℃，備用。
2. 取鍋子，加入冰糖、白砂糖，以小火炒至焦糖色。
3. 加入做法1、濃口醬油、薄口醬油、清酒，以大火煮沸，轉小火煮 10 分，靜置放涼即可。

> **TIPS** 冰糖、白砂糖以小火炒至焦糖色，火千萬不可開太大，避免燒焦。

實用醬料 | SAUCE

蒜香味噌

這是由阿富我自製研發的醬料，烤過的蒜頭帶有微微焦香，苦中帶有甘味，加入紅、白味噌一起調和，適合用在各式肉類和海鮮，不論是燒、蒸、煮都能運用。

TIPS 蒜頭烤至全熟後，趁熱時比較好過篩成泥。

材料
蒜仁 30g、清酒 50cc、細砂糖 4 小匙、味醂 50cc、紅味噌 4 小匙、白味噌 100g

做法
1. 蒜仁去皮洗淨，放入烤箱，以上下火 180°C 烤軟，表面微焦。
2. 取出蒜仁磨成泥，備用。
3. 清酒放入細砂糖、味醂，加熱至完全溶解。
4. 加入蒜泥、紅味噌、白味噌，隔水加熱攪拌均勻即可。

鹽麴鰹魚醬

鹽麴是由米麴、鹽和水混合，經發酵而成的產物，類似醬油的發酵，帶有獨特的甘甜味和旨味，一般鹽麴都是含有顆粒，而且形體宛如泥狀，而我特別選用液態鹽麴，再加入柴魚片，讓醬汁更有風味。

材料
清酒 300cc、液態鹽麴 200cc、味醂 100cc、細砂糖 4 小匙、昆布 10cm、高湯用柴魚片 50g、乾香菇 3 朵

做法
1. 清酒加熱燒去酒精。
2. 加入液態鹽麴、味醂、細砂糖，以小火攪拌均勻。
3. 加入昆布、柴魚、乾香菇，以微小火煮 5 分鐘。
4. 關火，放涼冷卻，浸泡兩天後過濾出醬汁即可。

TIPS 由於要將乾香菇浸泡、煮出香氣，因此不另外浸泡清水泡發。

CHAPTER 2

三兩下輕鬆上菜
快手料理

你是否因為忙碌而沒有時間好好準備一餐呢？沒有繁瑣的烹調過程，掌握關鍵做法，三兩下就能輕鬆完成，酥炸豬排佐山葵美乃滋、酒蒸蛤蜊奶油風、蟹香茶碗蒸等應有盡有！簡單快速，省時又省力，即使再忙，也能在家吃一頓豐盛的日本家庭料理。

CH. 2 | 三兩下輕鬆上菜
快 手 料 理

山葵風溫野菜

各式蔬菜用不同方式烹煮，除了可以吃到蔬菜的原味，加入山葵油醋醬，更能吃出蔬菜的風味，加上烤至酥脆的培根片，鹹香交錯，口感分層。

山葵油醋醬
▶ P.24

份量 3～4 人份

材料 Ingredients

綠花椰菜 50g、白花椰菜 50g、玉米筍 45g、鴻喜菇 30g、紅蘿蔔 50g、培根 3 片

調味料 Seasoning

鹽少許、橄欖油少許、山葵油醋醬 2 大匙

準備處理

- 綠花椰菜、白花椰菜、玉米筍分切成一口大小，泡水；鴻喜菇稍微剝散；紅蘿蔔去皮，切厚片。

1. 培根、鴻喜菇放入烤箱，以上下火 220°C，烤至培根酥脆。

2. 準備一鍋滾水加入鹽，各別加入綠花椰菜、白花椰菜、玉米筍、紅蘿蔔煮熟。

3. 取出，加入橄欖油拌勻，盛盤。

4. 加入鴻喜菇、剝碎的培根片。

5. 淋上山葵油醋醬即可。

TIPS

- 注意！烘烤培根的過程需要不時翻面，要完全烤出油脂，口感才會酥脆。
- 綠花椰菜、白花椰菜、玉米筍、紅蘿蔔燙煮至熟即可，不要煮過久，會失去口感。

CH. 2 三兩下輕鬆上菜 **快手料理**

香煎牛排佐山葵洋蔥醬

山葵跟牛肉可說是絕配，山葵可以去除牛肉的油膩感，山葵的刺激滋味還可以提出牛肉的甜味。

山葵油醋醬
▶P.24

份量 1~2 人份

材料 Ingredients

馬鈴薯1/2個、珍珠洋蔥3粒、洋蔥 30g、肋眼牛排 200g、蒜仁 6 粒、聖女番茄 3 粒

調味料 Seasoning

海鹽少許、山葵油醋醬 50cc

準備處理

馬鈴薯去皮，切塊，放入微波爐，微波 30 秒兩次；珍珠洋蔥放入微波爐，微波 30 秒兩次，去皮；洋蔥去皮，切碎。

TIPS

馬鈴薯、珍珠洋蔥用微波爐加熱過，可以快速減少其中的水份，而產生更濃郁的香氣。

1. 肋眼牛排兩面撒上海鹽，靜置室溫 3 分鐘。

2. 用廚房紙巾吸乾水份，放入冷藏 5 分鐘。

3. 熱鍋倒入少許橄欖油，加入牛排、蒜仁，以中火煎至焦黃，翻面。

4. 牛排表面重複油淋約 5 次。

5. 取出牛排，使用鋁箔紙包裹，靜置 15 分鐘。

6. 原鍋加入馬鈴薯、珍珠洋蔥、聖女番茄，用煎牛排的油，以中火拌炒至焦黃，撒上海鹽，盛盤。

7. 取出牛排盛盤，表面用噴火槍炙燒。

8. 洋蔥碎加入山葵油醋醬拌勻，搭配牛排食用即可。

CH. 2 三兩下輕鬆上菜
快手料理

山葵風三鮮拌物

三種不一樣口感的海鮮，使用山葵美乃滋混合包容風味，讓每一口呈現出豐富的層次口感。

百搭山葵美乃滋
▶ P.24

份量 3～4 人份

材料 Ingredients

草蝦 5 隻、九孔鮑 5 粒、鱸魚片 100g、紅蘿蔔 50g、毛豆仁 30g、枸杞 5 粒

調味料 Seasoning

味醂少許、鹽少許、百搭山葵美乃滋 50g

準備處理

- 草蝦切除蝦頭，去腸泥，洗淨；九孔鮑去殼洗淨；紅蘿蔔去皮，切丁；毛豆仁去皮；枸杞浸泡味醂。

1. 草蝦、九孔鮑、鱸魚片、紅蘿蔔丁、毛豆仁各別放入滾水燙至熟，取出。

2. 燙熟的草蝦去殼與九孔鮑、鱸魚片切成小塊狀。

3. 草蝦丁、九孔鮑丁、鱸魚丁、紅蘿蔔丁、毛豆仁撒上鹽。

4. 加入山葵美乃滋拌勻，放入冷藏 10 分鐘。

5. 盛盤，撒上枸杞點綴即可。

TIPS

- 草蝦和九孔鮑汆燙的時間需要特別留意，不要燙至過熟，避免影響口感。
- 放入冰箱冷藏能讓醬汁與食材充分融合且口感更佳。

CH. 2 三兩下輕鬆上菜 | 快手料理

TIPS

🥄 為了使肉排中心充份且均勻受熟並保留水份，故分兩次油炸，第一次油炸至約 6 分熟，取出靜置後可達 8 分熟，第二次油炸則是為了使表面更酥脆，最後靜置瀝出多餘的炸油。

42

酥炸豬排佐山葵美乃滋

加入洋蔥碎的山葵美乃滋很適合搭配各式炸物，山葵可以去除油膩感，洋蔥碎則可以使炸物吃起來更爽口美味。

百搭山葵美乃滋
▶P.24

份量 1~2人份

材料 Ingredients

高麗菜1／4個、聖女番茄3粒、雞蛋2個、豬小里肌肉160g、麵粉適量、麵包粉適量《麵粉、麵包粉可均勻沾裹豬排

調味料 Seasoning

鹽少許、胡椒鹽少許

沾醬 Sauce

紫洋蔥1／4個、百搭山葵美乃滋50g

準備處理

高麗菜切絲，泡冰水冰鎮，擠乾水份；聖女番茄對切，以上材料盛盤；紫洋蔥去皮，切碎，撒上鹽，靜置3分鐘，擠乾水份；山葵美乃滋加入紫洋蔥碎拌勻為沾醬；雞蛋打散成蛋液。

1. 豬小里肌肉分切成兩份，在筋上劃刀。

2. 覆蓋保鮮膜後，用肉鎚來回拍打至厚度一致。

3. 兩面撒上少許的鹽，靜置5分鐘出水，用廚房紙巾擦乾。

4. 撒上胡椒鹽後，依序沾裹上麵粉。

5. 再沾裹上蛋液。

6. 最後裹上麵包粉，放入冷藏10分鐘，取出。

7. 放入160℃的油鍋，炸至表面定型，取出靜置2分鐘。

8. 再以油溫180℃回炸3分鐘，取出靜置1分鐘。

9. 分切盛盤，淋上沾醬即可。

CH. 2 三兩下輕鬆上菜
快手料理

香煎雞腿佐山葵蔥鹽醬

雞腿排要煎得跟餐廳一樣美味，是有技巧的，一定要先煎皮，不加油，開小火慢慢煎出油脂，雞皮才會酥脆。

山葵蔥鹽醬
▶P.25

份量 1~2 人份

材料 Ingredients

蒜仁 1 粒、檸檬 1／2 個、水 300cc、去骨雞腿排 230g

調味料 Seasoning

鹽 1 大匙、白胡椒粉少許、山葵蔥鹽醬 2 大匙

準備處理

- 蒜仁去皮，磨成泥；檸檬切厚片。

1. 取調理盆，加入水、鹽、白胡椒粉、蒜泥拌勻。

2. 放入雞腿排浸泡 10 分鐘。

3. 取出雞腿排，用廚房紙巾擦乾水份。

4. 雞皮朝下放入冷鍋，以小火煎至焦脆。

5. 翻面，轉中火，用鍋內油脂反覆油淋至全熟。

6. 取出，盛盤，淋上山葵蔥鹽醬，放上檸檬片即可。

TIPS

- 建議使用不沾鍋來煎雞腿排，雞皮面朝下，就可以煎出又酥脆又漂亮的表皮。
- 用廚房紙巾擦乾水份，能避免雞腿排下鍋時發生油爆，且加速梅納反應，使雞皮呈現金黃酥脆的色澤。

CH. 2

三兩下輕鬆上菜
快手料理

豆腐田樂燒

豆腐田樂燒吃的是豆腐燒烤後產生的香氣，以及田樂味噌的風味，每一口都是代表著日本職人的精神。

田樂味噌醬
▶P.26

份量 3~4 人份

材料 Ingredients

雞胸肉 100g、板豆腐 200g、竹籤 5 支、青蔥 5g、白芝麻少許

調味料 Seasoning

鹽少許、田樂味噌醬 80g

準備處理

- 雞胸肉切碎，加入少許鹽拌勻；板豆腐切五等份，兩面撒上少許鹽，靜置待出水，再串入竹籤；青蔥切絲。

1. 準備一鍋滾水，加入雞肉碎，燙煮至熟。

2. 取出雞肉碎瀝乾，放涼冷卻。

3. 雞肉碎加入田樂味噌醬，拌勻，備用。

4. 板豆腐放入烤箱，以上下火 180℃ 烤至兩面微焦。

5. 塗抹上做法 3，放入烤箱，以上火 160℃ 再烤 2 分鐘。

6. 撒上白芝麻、蔥絲即可。

TIPS

- 建議挑選板豆腐，質地比較結實，不易碎裂。
- 豆腐撒上少許的鹽，不是為了調味，而是要將豆腐脫水，烤出來才會有濃郁的豆味。

CH. 2 三兩下輕鬆上菜
快手料理

豚里肌果香醋燒

這是一道結合中式手法、日式口味的自創料理。中式的糖醋里肌的做法，加上水果醋的酸香味，讓口味上又多了點日式的細緻。

和風水果醋
▶P.27

份量 3~4人份

材料 Ingredients

豬小里肌肉150g、紅甜椒1/4個、黃甜椒1/4個、甜豆莢6片、太白粉適量、太白粉水1大匙

醃料 Marinade

蛋黃1g、白胡椒粉少許、醬油1小匙、細砂糖少許

調味料 Seasoning

和風水果醋4大匙

準備處理

- 豬小里肌肉切塊；紅甜椒、黃甜椒去籽，切塊；甜豆莢切除蒂頭，切段。

1. 豬小里肌肉加入醃料拌勻，醃漬5分鐘。

2. 取出豬小里肌肉，均勻沾裹上太白粉。

3. 放入180℃的油鍋，炸至表面酥脆，取出備用。

4. 放入紅甜椒、黃甜椒、甜豆莢，炸至表面泛白，取出備用。

5. 鍋子加入和風水果醋煮沸，再加入太白粉水勾芡。

6. 加入所有炸好的食材，拌勻即可。

TIPS

豬小里肌表面一定要炸至酥脆，裡面保持8分熟即可，拌炒時會再加熱至熟。

CH. 2 三兩下輕鬆上菜
快手料理

炙燒牛肉洋蔥捲

傳統的涼拌洋蔥沙拉，口感很好，但還缺少點什麼，於是用炙燒牛五花肉片捲入洋蔥，淋上水果醋，補足油脂感，美味提升至 100 分。

和風水果醋
▶ P.27

份量 3～4 人份

材料 Ingredients

紫洋蔥 1/3 個、青蔥 2 支、檸檬 1/4 個、牛五花肉片 6 片、白芝麻少許

醃料 Marinade

醬油 2 小匙、味醂 4 小匙、清酒 2 小匙

調味料 Seasoning

和風水果醋 2 大匙

準備處理

- 紫洋蔥去皮，切絲；青蔥切成蔥花；檸檬切片，盛盤。

1. 紫洋蔥絲浸泡冰飲用水，備用。
2. 牛肉片加入醃料拌勻，醃漬 2 分鐘。 
3. 取出牛肉片，用噴火槍兩面炙燒至熟。 
4. 放上紫洋蔥捲起，盛盤。 
5. 淋上和風水果醋，撒上蔥花、白芝麻即可。 

TIPS

- 切洋蔥時要逆紋而切，然後浸泡水冰鎮，這樣子可以去除洋蔥的辛辣味。
- 如果家中沒有噴火槍，可以放入烤箱烤至熟，但會少了炙燒的香氣。

CH. 2 | 三兩下輕鬆上菜
快手料理

明太子醬唐揚雞

「唐揚雞」在日本料理中是沾裹乾粉後去油炸，多表酥脆，裡面多汁，炸好後拌入明太子醬，使整體吃起來風味十足。

明太子奶油醬
▶ P.27

份量 3~4 人份

材料 Ingredients

雞胸肉 200g、紅甜椒 1/4 個、黃甜椒 1/4 個、甜豆莢 3 片、太白粉適量

醃料 Marinade

薄口醬油 1 大匙、味醂 2 小匙、薑泥 5g、蛋黃 1 粒

調味料 Seasoning

明太子奶油醬 50g

準備處理

- 雞胸肉切塊；紅甜椒、黃甜椒去籽，切條；甜豆莢切除蒂頭。

1. 雞肉塊加入醃料拌勻，醃漬 20 分鐘。
2. 取出雞肉塊，均勻沾裹上太白粉。 
3. 放入 160℃的油鍋，炸至表面定型。 
4. 取出，靜置 5 分鐘。 
5. 雞肉塊、蔬菜分別放入 180℃的油鍋，炸 45 秒，取出。 
6. 取調理盆，加入炸好的雞肉塊、明太子奶油醬拌勻。 
7. 再加入炸好的蔬菜拌勻即可。 

TIPS

- 二次油炸法，第一次的油溫為 160℃，為了固定外表和使雞肉受熱，第二次的油溫為 180℃，為了使雞肉酥脆且封住肉汁。

CH. 2 三兩下輕鬆上菜
快手料理

海老明太子燒

蝦子由於彎曲的身形，很像彎腰駝背的老人，住在海裡的老人，就是日文漢字「海老」的由來。海老加上明太子奶油醬，焗烤後風味絕配。

明太子奶油醬
▶ P.27

份量 3~4 人份

材料 Ingredients

蛋黃 1 粒、草蝦 6 隻

調味料 Seasoning

明太子奶油醬 4 小匙、鹽少許、白胡椒粉少許、海苔粉少許

準備處理

- 明太子奶油醬加入蛋黃拌勻。

1. 草蝦用剪刀，剪開背部，挑除沙腸。

2. 再將蝦頭剪開。

3. 用刀背拍平蝦身。

4. 撒上鹽、白胡椒粉，放入烤箱，以上下火 180℃ 烤 10 分鐘。

5. 取出，淋上調好的醬料。

6. 再放入烤箱，以 200℃ 炙燒上色。

7. 取出，撒上海苔粉即可。

TIPS

要讓蝦子烤出來直直的，不彎曲，蝦頭一定要剪開。

CH. 2 三兩下輕鬆上菜
快手料理

56

深夜燒肉

想快速醃漬燒肉嗎？只要在冰箱常備製作好的果香燒肉醬，不論什麼時候想吃燒肉都沒問題！

果香燒肉醬
▶P.28

份量 1~2 人份

材料 Ingredients

去骨牛小排 100g、珍珠洋蔥 1/4 個、紅甜椒 1/3 個、青椒 1/3 個、青檸檬 1/2 個、白芝麻少許

醃料 Marinade

果香燒肉醬 50cc

準備處理

去骨牛小排切成 1cm 厚片；珍珠洋蔥去皮；紅甜椒、青椒去籽，切片；青檸檬切片。

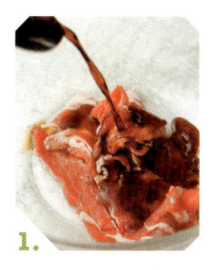

1. 取調理盆，加入牛肉片、果香燒肉醬，醃抓均勻。

2. 再加入珍珠洋蔥、紅甜椒、青椒、青檸檬，醃抓均勻。

3. 將珍珠洋蔥、紅甜椒、青椒、青檸檬放入鍋子，煎至上色，盛盤。

4. 原鍋，放入牛肉片，煎至熟透，盛盤。

5. 最後，撒上白芝麻即可。

TIPS

- 如果家中有烤爐，可以直接將醃漬完成的食材燒烤至熟即可。
- 加入檸檬片不只能增加風味，更能增色，視覺上更色香味俱全。

CH.
2 三兩下輕鬆上菜
快手料理

香煎果香豚五花

果香燒肉醬拿來當炒醬也非常適合，將豬五花乾煎出油，倒掉多餘的油脂，以果香燒肉醬煮至入味，享用時搭配生菜和山葵醬，好吃到讓你欲罷不能。

果香燒肉醬
▶P.28

份量 3～4 人份

材料 Ingredients

美生菜 5 片、紅辣椒 5g、紫洋蔥 5g、青蔥 5g、豬五花肉片 150g、白芝麻少許

調味料 Seasoning

果香燒肉醬 50cc、山葵醬 1/2 小匙

準備處理

- 美生菜以飲用水清洗冰鎮；紅辣椒去仔，切斜圈；紫洋蔥去皮，切絲；青蔥切絲。

1. 將豬五花肉片整齊平鋪入冷鍋，開火煎至出油。

2. 翻面煎至焦黃。

3. 倒掉滲出的油脂。

4. 加入果香燒肉醬。

5. 以小火煮至醬汁稍微收乾。

6. 以美生菜放上所有材料，擠上山葵醬，撒上白芝麻即可。

TIPS

- 將豬五花煎出油即可，還是要保持水份，不要煎得太乾。
- 冰鎮後的美生菜口感更爽脆，搭配豬五花肉片食用，更能去油解膩。

CH. 2 三兩下輕鬆上菜
快手料理

香橙海鮮釜燒

使用香吉士的果皮來當作燒烤的容器，除了視覺上的美觀，還能透過加熱後所產生香氣，結合柚子味噌，讓這道料理更誘人。

柚子味噌醬
▶ P.28

份量 3～4 人份

材料 Ingredients

九孔鮑 100g、草蝦 3 隻、紫洋蔥 1/3 個、甜豆莢 6 片、紅甜椒 1/4 個、香吉士 3 個

調味料 Seasoning

胡椒鹽少許、柚子味噌醬 80g、蛋黃 1 粒

準備處理

- 九孔鮑用鹽水（份量外）清洗，擦乾水份；草蝦去殼去腸泥，用鹽水（份量外）清洗，擦乾後切塊；紫洋蔥去皮，切絲；甜豆莢切除蒂頭，切段；紅甜椒去籽，切丁。

TIPS

挖出的香吉士果肉要保留，擠成果汁 20cc 加入醬料之中。

1. 香吉士切去頭尾，挖空果肉，保留果殼。

2. 將切下來的果皮，塞入果殼，備用。

3. 九孔鮑魚用刀子劃格紋後，切塊。

4. 冷鍋倒入少許橄欖油，加入九孔鮑、草蝦、甜豆莢、紫洋蔥、胡椒鹽，拌炒至熟。

5. 取出所有材料，靜置放涼冷卻。

6. 取調理碗，加入柚子味噌醬、蛋黃，擠入香吉士汁拌勻。

7. 將做法 5 填入香吉士果殼，淋上調好的醬料。

8. 撒上紅甜椒丁，放入烤箱，以 150℃烤 20 分鐘即可。

CH. 2 | 三兩下輕鬆上菜
快手料理

62

豚五花涮涮鍋

鍋底只放昆布和鹽保持最乾淨的味道，吃的順序先涮肉片，讓油香留在湯底，再放入各式蔬菜煮出甜味，最後加入白飯將鍋底煮成「雜炊（粥）」。

胡麻醋
▶ P.29

份量 3~4 人份

材料 Ingredients

昆布 10cm、水菜 50g、娃娃白菜 2 個、鴻喜菇 20g、青蔥 10g、水 1000cc、豬五花肉片 200g、魚板 3 片、白芝麻少許

調味料 Seasoning

鹽 1 小匙

沾醬 Sauce

胡麻醋 100g、昆布高湯 50cc、辣油少許

準備處理

- 使用濕布擦拭昆布表面；水菜切段；娃娃白菜切大塊；鴻喜菇稍微剝散；青蔥切成蔥花。

1. 取砂鍋，加入水，放入昆布，浸泡 6 小時。

2. 將昆布取出，即為昆布高湯。

3. 加入鹽，以中小火煮沸。

4. 加入肉片、水菜、娃娃白菜、鴻喜菇、魚板，煮至熟。

5. 取調理碗，加入胡麻醋、昆布高湯、辣油，拌勻。

6. 裝入沾醬碟，加入蔥花、白芝麻，搭配火鍋食用即可。

TIPS

- 一般包裝好的菇類，煮前不須水洗，如有髒汙的部份，可以用濕紙巾擦拭即可。
- 可以事先浸泡昆布，製作好昆布高湯，就能大大節省烹調的時間。

CH. 2 三兩下輕鬆上菜
快手料理

時蔬胡麻拌物

將板豆腐壓乾水份,調入胡麻醋,使豆腐泥帶有濃郁的胡麻香氣,再拌入各式蔬菜,增加豐富層次的口感,風味獨特。

胡麻醋
▶P.29

份量 3～4 人份

材料 Ingredients

鴻喜菇 150g、毛豆仁 30g、紅甜椒 1/4 個、菠菜 4 株、白芝麻 3g、板豆腐 20g

調味料 Seasoning

胡麻醋 50g、白味噌 4 小匙

準備處理

鴻喜菇稍微剝散;毛豆仁去皮;紅甜椒去籽,切條;菠菜切段。

TIPS

將板豆腐壓出水份,可以提升豆腐的香味,還可以延長豆腐的保鮮時間。

1. 白芝麻以乾鍋炒出香味,取出備用。

2. 菠菜汆燙至熟,泡冰飲用水冰鎮,擠乾水份,備用。

3. 鴻喜菇、毛豆仁、紅甜椒放入烤箱,以上下火 150℃烤去水份,備用。

4. 板豆腐放在平盤上,放上重物壓出水份。

5. 再放入濾網,用湯匙壓碎,過篩成泥。

6. 加入胡麻醋、白味噌、白芝麻,拌勻。

7. 取調理盆,加入鴻喜菇、毛豆仁、做法 6,拌勻,盛盤。

8. 加入菠菜、紅甜椒、做法 6,拌勻,盛盤即可。

CH. 2 三兩下輕鬆上菜
快手料理

酥炸魚排佐梅醬

比目魚口感較軟嫩，裹上麵包粉酥炸，可以讓魚排定型，然後梅子油醋醬不但可以搭配魚排，還可以混合生菜絲一起享用。

梅子油醋醬
▶ P.30

份量 1~2人份

材料 Ingredients

高麗菜1/4個、紫洋蔥20g、白蘿蔔20g、雞蛋2個、比目魚片1片（120g）、鹽少許、麵粉適量、麵包粉適量 《麵粉、麵包粉可均勻沾裹比目魚片

調味料 Seasoning

胡椒鹽少許、梅子油醋醬50cc

準備處理

- 高麗菜切絲，紫洋蔥去皮切丁，以上材料盛盤；白蘿蔔去皮，磨成泥；雞蛋打散成蛋液。

TIPS

- 比目魚裹上麵包粉後放入冰箱冷藏，可以讓麵包粉更加定型，下油鍋炸時較不會脫粉。

1. 比目魚片兩面撒上少許鹽（份量外），靜置5分鐘。

2. 等待出水後，用廚房紙巾擦乾水份。

3. 撒上胡椒鹽，再依序沾裹上麵粉。

4. 然後沾裹上蛋液。

5. 再沾裹上麵包粉，放入冰箱冷藏10分鐘，取出。

6. 放入160℃的油鍋，炸至表面定型，取出靜置2分鐘。

7. 油溫提升至180℃，回鍋油炸2分鐘，取出靜置1分鐘，盛盤。

8. 白蘿蔔泥加入梅子油醋醬，拌勻，搭配炸魚食用即可。

CH. 2 三兩下輕鬆上菜
快手料理

紫蘇梅香海老

日本人吃生魚片等生食，經常會搭配紫蘇葉增添風味，而我以紫蘇醃漬海老再煎出香味，最後淋上梅子油醋，更能提出海老的鮮味。

梅子油醋醬
▶P.30

份量 3~4 人份

材料 Ingredients

黃櫛瓜 1 條、綠紫蘇 3 片、聖女番茄 5 粒、草蝦 6 隻

調味料 Seasoning

胡椒鹽少許、橄欖油少許、梅子油醋醬 2 大匙

準備處理

- 黃櫛瓜切條狀，泡水；綠紫蘇切絲；聖女番茄切對半。

1. 草蝦用刀子劃開背部。

2. 剝去蝦殼，挑去泥腸。

3. 取調理盆，加入草蝦、綠紫蘇，撒上胡椒鹽、橄欖油，抓勻，備用。

4. 加入黃櫛瓜、聖女番茄，撒上胡椒鹽、橄欖油，抓勻，備用。

5. 平底鍋加熱，依序加入草蝦、黃櫛瓜、聖女番茄，以小火煎至兩面焦黃。

6. 取出盛盤，淋上梅子油醋醬即可。

TIPS

- 切好的綠紫蘇可以在手心中搓揉一下，將紫蘇的香味釋放出來。

CH. 2 三兩下輕鬆上菜
快手料理

酒蒸蛤蜊奶油風

用清酒蒸煮蛤蜊,再將其湯汁加入紫蘇蒜香奶油醬,加熱、混合至乳化,就是風味獨特的醬底,不只單吃美味,也能沾麵包、做成炒麵食用。

紫蘇蒜香奶油醬
▶ P.30

份量 3~4 人份

材料 Ingredients

蛤蜊 300g、薑 5g、青蔥 1 支

調味料 Seasoning

清酒 30g、味醂 10g、紫蘇蒜香奶油醬 2 大匙

準備處理

- 蛤蜊泡水吐沙;薑切片;青蔥切段。

1. 蛤蜊放入蒸盤,放上薑片、青蔥,淋上清酒、味醂,封上保鮮膜。

2. 放入蒸鍋,以大火蒸煮 10 分鐘。

3. 待蛤蜊開殼,取出薑片、蔥段。

4. 紫蘇蒜香奶油醬加入蒸蛤蜊的湯汁。

5. 用打蛋器攪拌均勻。

6. 淋回蛤蜊即可。

TIPS

- 拿起蛤蜊相敲看看,如果是空心的聲音,表示死壞了,就不要強行打開食用。
- 蛤蜊可以泡淡鹽水,鹽分濃度約 3%,且水量要蓋過蛤蜊,讓吐沙更確實。

CH. 2 三兩下輕鬆上菜
快手料理

醬燒雞肉炒野菇

將照燒醬加入黑胡椒粒，就可以變身成與眾不同的風味炒醬，簡單炒一下野菇、雞肉，就是一道美味的快手料理。

照燒醬
▶ P.31

份量 3~4 人份

材料 Ingredients

雞胸肉 200g、鴻喜菇 70g、青蔥 2 支、紅甜椒 1/4 個、洋蔥 1/4 個、水 4 小匙

調味料 Seasoning

照燒醬 50cc、黑胡椒粒少許

準備處理

- 雞胸肉切條；鴻喜菇稍微剝散；青蔥切段；紅甜椒去籽，切條；洋蔥去皮，切絲。

1. 熱鍋倒入橄欖油 2 小匙，放入洋蔥、鴻喜菇、紅甜椒，炒香。

2. 加入雞胸肉，以大火拌炒至熟。

3. 加入水、照燒醬，轉中小火。

4. 加入青蔥，撒上黑胡椒粒。

5. 煮至稍微醬汁收乾即可。

TIPS

- 黑胡椒粒可以先用小火拌炒一下，讓香氣更強烈。
- 雞胸肉不要過度翻炒，避免肉質變老。
- 一般包裝好的菇類，煮前不須水洗，如有髒汙的部份，可以用濕紙巾擦拭即可。

CH. 2 三兩下輕鬆上菜
快 手 料 理

豚生薑燒

這是日本食堂的常見菜肴，也是家庭主婦最喜歡的料理之一。薑汁與肉片煎出來的豬油融合，產生美味的油脂香。在日式料理中，直火燒烤，或以鐵板、鑄鐵鍋、平底鍋等炒，都可以稱做為「燒」。

萬能八方汁
▶ P.31

份量 3～4 人份

材料 Ingredients

豬五花肉片 150g、嫩薑 1/2 根、洋蔥 1/4 個、青蔥 2 支、高麗菜 80g、老薑 20g

調味料 Seasoning

萬能八方汁 80cc、細砂糖 4 小匙、薄口醬油 4 小匙

準備處理

- 豬五花肉片分切 3 段；嫩薑、洋蔥去皮，切絲；青蔥切成蔥花；高麗菜切絲，泡飲用水，放入冰箱冷藏。

1. 冷鍋放入豬五花肉片，煎出油脂。

2. 加入洋蔥、薑絲、所有調味料，以大火拌炒。

3. 磨入新鮮的老薑泥，拌炒均勻。

4. 轉中小火，煮至醬汁稍微收乾。

5. 盛盤，撒上蔥花，搭配高麗菜絲食用即可。

TIPS

- 豬肉放入冷鍋加熱，可以慢慢地煎出油脂，健康而且爽口。
- 高麗菜絲從冰箱冷藏拿出來後，務必先將水份確實瀝乾再盛盤，才不會影響到調味。

CH. 2 三兩下輕鬆上菜
快 手 料 理

旨煮鮮魚

「旨煮」是基本煮法的稱呼，過程要依順序完成，清酒加入細砂糖，先將食材煮熟後，加入醬油上色並使味道平衡，最後加入味醂融合食材和醬汁，最後煮出光澤。如此不但有調味，還能吃到魚肉本身的鮮甜。但為了快速方便，這次用事先調成醬汁的方式呈現。

萬能八方汁
▶P.31

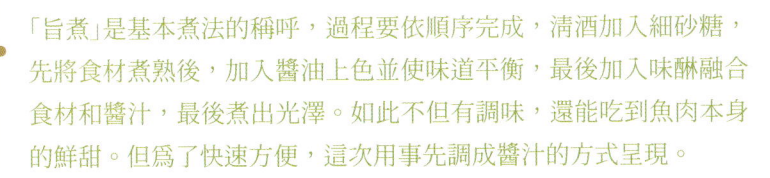

份量 1~2 人份

材料 Ingredients

鱸魚片 1 片（120g）、紅蘿蔔 1/4 根、牛蒡 1/4 根、花椰菜 3 小朵

調味料 Seasoning

萬能八方汁 200cc、清酒 4 小匙、細砂糖 2 小匙、味醂 4 小匙、濃口醬油 2 小匙

準備處理

- 鱸魚片表面劃刀；紅蘿蔔去皮，切條；牛蒡去皮，切條，泡水；花椰菜切小朵，用滾水汆燙至熟；萬能八方汁、清酒、細砂糖、味醂混合均勻成醬汁。

1. 鍋子加入醬汁、紅蘿蔔、牛蒡，以中火煮沸。

2. 放入鱸魚片、濃口醬油，轉中小火煮 3 分鐘。

3. 用鋁箔紙折成如鍋面大小的鍋蓋，蓋住食材。

4. 煮至醬汁稍微收乾。

5. 拿起鋁箔紙，加入花椰菜即可。

TIPS

♪ 使用鋁箔紙做內鍋，煮的過程可以讓原本不多的醬汁，能完整地煮到食材。

CH. 2 | 三兩下輕鬆上菜
快手料理

蟹香茶碗蒸

日本料理的蒸物代表，早期日本的器皿以中國唐式茶碗（帶蓋）最爲尊貴，而茶碗蒸就成了高級料理之一。茶碗蒸能包容各式食材，加入雞蛋和各式高湯，就能變化出美妙的口味。

萬用蟹粉醬
▶P.32

份量 1～2 人份

材料 Ingredients

毛豆仁 6 粒、鴻喜菇 10g、雞蛋 3 個、柴魚高湯 500cc、魚板 3 片、太白粉水 4 小匙

調味料 Seasoning

鹽少許、萬用蟹粉醬 50g

準備處理

- 毛豆仁汆燙至熟；鴻喜菇稍微剝散。

1. 雞蛋打散，加入柴魚高湯、鹽，拌勻。

2. 倒入濾網過篩。

3. 裝入杯型碗，放上鴻喜菇、魚板。

4. 封上保鮮膜，放入蒸鍋，以中火蒸 8 分鐘，轉小火，鍋蓋留細縫，再蒸 10 分鐘，取出。

5. 取鍋子，加入萬用蟹粉醬，以小火加熱，加入太白粉水拌勻芶芡。

6. 淋在蒸好的茶碗蒸，撒上毛豆仁即可。

TIPS

雞蛋是茶碗蒸的凝固劑，而加入高湯的多寡，則能控制其軟硬度，高湯 2：雞蛋 1 是最佳的比例。

CH. 2 三兩下輕鬆上菜
快手料理

豚肉鹽麴燒

鹽麴有良好的滲透力，可以在短時間內將味道醃入肉裡，而且鹽麴醃漬過的肉，不但風味更佳，還能有效地軟化肉質，吃起來更美味。

鹽麴鰹魚醬
▶ P.33

份量 3～4 人份

材料 Ingredients

豬五花肉 200g、洋蔥 1 / 3 個、青蔥 5g、白芝麻少許

調味料 Seasoning

鹽麴鰹魚醬 50cc

準備處理

- 豬五花肉切片；洋蔥去皮，切絲，盛盤；青蔥切成蔥花。

1. 取調理盆，加入豬五花肉片、鹽麴鰹魚醬。

2. 用手抓醃均勻。

3. 放入烤箱，以上下火 180°C，烤 10 分鐘。

4. 燒烤過程中，不定時要將豬五花肉片翻面。

5. 豬五花肉片盛盤，撒上蔥花、白芝麻，即可。

TIPS

- 短時間醃肉務必要用手抓醃，如此才能有效且均勻地醃入味，而且還能適量使用醬汁。
- 液態鹽麴：鹽麴（Shiokoji）是由米麴、鹽和水混合，經發酵而成的產物，類似醬油的發酵，液態鹽麴則是萃取其中透明精華。用於料理能軟化肉質、保水多汁、去腥增鮮。開封後需冷藏保存。

> CH. 2　三兩下輕鬆上菜
> **快手料理**

鹽麴醬涼拌時蔬

鹽麴除了有五味中的鹹味，還有人體最喜愛的旨味，然後選用口感豐富的龍鬚菜，加入鹽麴鰹魚醬，簡單快速拌一下，10 分鐘就可以美味上桌。

鹽麴鰹魚醬
▶P.33

份量 3~4 人份

材料 Ingredients

龍鬚菜 200g、白芝麻少許、柴魚片少許

調味料 Seasoning

鹽麴鰹魚醬 50cc、橄欖油 2 小匙

準備處理

- 龍鬚菜洗淨，撕掉表面較粗糙的纖維，切小段。

1. 龍鬚菜汆燙至熟，取出。
2. 取調理盆，加入龍鬚菜、鹽麴鰹魚醬、橄欖油。
3. 拌勻，稍微靜置一下。
4. 倒掉多餘的水份。
5. 盛盤，撒上白芝麻、柴魚片即可。

TIPS

- 拌好的蔬菜可以先靜置一下，讓蔬菜同時出水和收汁，味道會比較溫和。
- 務必要倒掉多餘的水份，才不會影響整體的風味、鹹淡度。
- 龍鬚菜撕掉表面較粗糙的纖維，吃起來口感會比較爽脆美味。

84

CHAPTER
3

讓你再喝好幾杯
居酒屋下酒菜

居酒屋是日本獨特的飲食場所,透過還原其靈魂,不論是與親朋好友聚會,或是獨自一人小酌,甚至不佐酒也沒問題,以雞肉串燒、雞肉田樂味噌燒野菜、槍烏賊柚香拌物等美味佳餚,在家重現日式居家屋的獨特氛圍!

CH. 3 — 讓你再喝好幾杯
居酒屋下酒菜

山葵風雞肉沙拉

將雞胸肉用小火慢慢煮熟,就跟低溫烹調的手法相同,煮好的雞胸肉會比較軟嫩。山葵油醋除了可以補足雞胸肉的油脂,山葵的香氣還能帶出雞肉的甜味。

山葵油醋醬
▶ P.24

份量 3~4人份

材料 Ingredients

水 1000cc、昆布 10g、薑 20g、青蔥 20g、牛番茄 100g、雞胸肉 600g

調味料 Seasoning

鹽 50g、細砂糖 2 小匙、清酒 4 小匙、黑胡椒粒 3g、山葵油醋醬 2 大匙

準備處理

- 取鍋子加入水、昆布,靜置 6 小時;薑切片;青蔥切蔥花;牛番茄切丁。

1. 雞胸肉用廚房餐巾紙吸乾水份。

2. 用叉子在雞胸肉正反面戳刺,備用。

3. 昆布水加入鹽、細砂糖、薑、清酒、黑胡椒粒,以大火煮沸騰。

4. 放入雞胸肉,轉小火保持不沸騰,煮 30 分鐘,關火燜 20 分鐘。

5. 取出雞胸肉放涼,分切成片狀,盛盤。

6. 山葵油醋醬加入蔥花、牛番茄丁拌勻。

7. 淋在雞胸肉上即可。

TIPS

♪ 雞胸肉正反面以叉子戳刺,使調味料能完全煮入味,而且能充份受熱煮至熟。

CH. 3 讓你再喝好幾杯
居酒屋下酒菜

88

山葵風水果沙律

蘋果、鳳梨、番茄有酸有甜，搭配山藥的清香，豐富的水果口味，用山葵油醋包容全部，最後以紫蘇香味點綴尾韻，完美的層次。

山葵油醋醬
▶P.24

份量 3~4人份

材料 Ingredients

蘋果1/2個、鳳梨1/2個、日本山藥100g、聖女番茄4粒、紫蘇葉1片

調味料 Seasoning

鹽2g、細砂糖3g、美乃滋2大匙、山葵油醋醬50cc

準備處理

蘋果、鳳梨、日本山藥去皮，切1公分塊狀，泡飲用水；聖女番茄剝除蒂頭，切厚片狀；紫蘇葉切細絲。

TIPS

涼拌的食材用鹽和糖殺菁、脫水後，再加入調味料，可以比較好入味。

1. 取調理盆，加入蘋果、鳳梨、聖女番茄、日本山藥，撒入鹽、細砂糖拌勻。

2. 冷藏靜置5分鐘，倒掉滲出的水份。

3. 加入美乃滋、山葵油醋拌勻。

4. 封上保鮮膜，放入冷藏10分鐘。

5. 盛盤，撒上紫蘇葉絲點綴即可。

CH. 3

讓你再喝好幾杯
居酒屋下酒菜

山葵風馬鈴薯沙拉

山葵能將馬鈴薯的香甜滋味刺激出來，加上火腿的油脂香和毛豆的口感，就成為一道相當開胃的冷前菜。

百搭山葵美乃滋
▶P.24

份量 3～4 人份

材料 Ingredients

馬鈴薯2個、紅蘿蔔1/4根、火腿片3片、毛豆仁10粒、水煮蛋2個

調味料 Seasoning

鹽少許、百搭山葵美乃滋 50g

準備處理

- 馬鈴薯、紅蘿蔔去皮，切丁；火腿片切絲；毛豆仁去皮。

TIPS

- 毛豆仁務必要確實去皮，吃起來的口感才會比較好。
- 蛋白切丁不要切太碎小，保有適當大小，有口感才會好吃。
- 放入冰箱冷藏能讓醬汁與食材充分融合且風味更佳。

1. 水煮蛋去殼，分開蛋黃、蛋白。

2. 先將蛋黃搗成碎，備用。

3. 再將蛋白切丁，備用。

4. 準備一鍋滾水加入鹽，各別加入馬鈴薯、紅蘿蔔、毛豆仁煮至熟，取出瀝乾。

5. 取調理盆，加入所有材料（蛋黃碎除外）、山葵美乃滋拌勻，放入冷藏10分鐘。

6. 取出盛盤，撒上蛋黃碎即可。

CH. 3 | 讓你再喝好幾杯
居酒屋下酒菜

山葵蔥鹽牛培根

牛培根又稱牛胸腹肉,透過燒烤讓牛培根的油脂融入金針菇,再搭配山葵蔥鹽醬食用,不但有牛肉的香味,還有山葵洋蔥的清爽感。

山葵蔥鹽醬
▶ P.25

份量 3～4 人份

材料 Ingredients

金針菇 50g、聖女番茄 1 粒、牛培根 8 片、檸檬 1/4 個

調味料 Seasoning

鹽少許、黑胡椒粉少許、山葵蔥鹽醬 2 大匙

準備處理

- 金針菇連同包裝將底部切除,稍微剝散;聖女番茄剝除蒂頭,對切,盛盤。

TIPS

- 一般家用烤箱火力不大,無法烤出焦脆感,所以先用平底鍋煎至表面焦脆,再用烤箱烤熟即可。
- 買不到牛培根,可以用豬肉培根取代即可。

1. 牛培根鋪平,放上金針菇包捲起來。

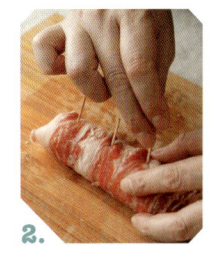

2. 以一口大小為間距,插入牙籤固定,切段。

3. 表面撒上鹽、黑胡椒粉。

4. 放入冷鍋,乾煎至四面焦黃。

5. 放入烤箱,以上下火 160℃ 烤 5 分鐘。

6. 拔除牙籤盛盤,淋上山葵蔥鹽醬,放上檸檬即可。

CH. 3 | 讓你再喝好幾杯
居酒屋下酒菜

奶油味噌燒野菜

奶油味噌可替代起司做成焗烤料理，選用不同的蔬菜食材，焗烤出來的奶油味噌料理則各有不同的口感，可以自由搭配。

奶油味噌
▶P.25

份量 3～4 人份

材料 Ingredients

綠花椰菜 50g、紅甜椒 20g、黃甜椒 20g、鴻喜菇 20g、甜豆莢 20g、蛋黃 1 粒

調味料 Seasoning

奶油味噌 50g

準備處理

- 綠花椰菜切小朵；紅甜椒、黃甜椒去籽，切條；鴻喜菇稍微剝散；甜豆莢切除蒂頭。

TIPS

- 所有蔬菜食材都必須先確實燙熟，才放入烤箱焗烤。
- 蔬菜食材水煮至熟即可，不要煮過久，以免口感變軟爛。
- 奶油味噌加入蛋黃，能增加濃稠度及風味。

1. 白花椰菜、青花椰菜、鴻喜菇、甜豆莢用滾水汆燙至熟。

2. 所有材料依序盛盤，放入烤箱以上火 160°C 烤 3 分鐘。

3. 取調理碗，加入奶油味噌、蛋黃，拌勻。

4. 取出做法 2，淋上做法 3，再烤 3 分鐘至表面焦黃即可。

CH. 3 | 讓你再喝好幾杯
居酒屋下酒菜

九孔奶油味噌燒

台灣東北角是九孔的養殖產地，其肉質比鮑魚細緻，用奶油味噌來焗烤，除了濃郁的奶油味道，還有少許味噌燒烤過的香氣，吃起來更有滋味。

奶油味噌
▶ P.25

份量 3～4 人份

材料 Ingredients

九孔 5 個、紅甜椒 20g、黃甜椒 20g、青蔥 10g

調味料 Seasoning

奶油味噌 50g

準備處理

九孔殼肉分開，洗淨；紅甜椒、黃甜椒去籽，切小丁；青蔥切成蔥花。

TIPS

市售九孔處理方式：冷凍九孔泡入水中，加少許的鹽，放入冷藏退冰；活九孔用牙刷刷乾淨唇邊，放入鹽水，煮沸即關火，取出沖水冷卻。

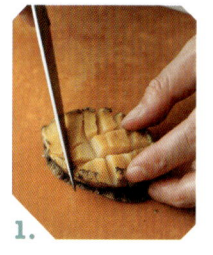

1. 九孔表面用刀子劃格紋。
2. 浸泡鹽水（份量外）5 分鐘。 
3. 九孔放回殼中，放入烤箱，以上下火 180℃，烘烤 3 分鐘。 
4. 取出，淋上奶油味噌。 
5. 撒上紅甜椒丁、黃甜椒丁、蔥花。 
6. 再放入烤箱，以上下火 150℃，再烤 3 分鐘即可。

CH. 3 | 讓你再喝好幾杯
居酒屋下酒菜

鮮魚味噌煮

赤味噌又名八丁味噌，因發酵期比一般味噌長，所以口味較重，除了鹹、酸之外，還略帶有苦味，與魚肉烹調，就成了日本居酒屋的解酒料理。

田樂味噌醬
▶P.26

份量 1~2 人份

▶ 材料 Ingredients

鱸魚片 80g、白蘿蔔 30g、紅蘿蔔 30g、老薑 10g、水 500cc、菠菜 30g

▶ 調味料 Seasoning

細砂糖 4 小匙、醬油 2 小匙、田樂味噌醬 2 大匙

準備處理

- 鱸魚片表面劃刀；白蘿蔔、紅蘿蔔去皮，切塊，泡水；老薑切片。

1. 取鍋子，倒入水，加入白蘿蔔、紅蘿蔔，燙煮至熟。
2. 加入菠菜燙一下，取出備用。 
3. 加入鱸魚片、老薑片，煮至沸騰。 
4. 取調理碗，加入所有調味料，拌勻。 
5. 加入做法 3，以小火煮至收乾一半的湯汁。 
6. 取出老薑片，其他材料盛盤，再放上菠菜即可。 

TIPS

- 燉煮料理時，要先將食材煮熟再加入調味料，能避免煮過鹹，還能保留食材原味。
- 鱸魚片與老薑片一起煮過，可以稍微去除腥味。

CH. 3 讓你再喝好幾杯
居酒屋下酒菜

雞肉田樂味噌燒野菜

在居酒屋最受日本人喜愛的料理之一,蔬菜以炭火烤出原始的風味,搭配田樂味噌炙燒過的鹹香,就能多喝幾杯酒。

田樂味噌醬
▶ P.26

份量 3~4 人份

材料 Ingredients

高麗菜 40g、洋蔥 40g、芹菜 40g、紅甜椒 20g、青椒 20g、去骨雞腿肉 100g

調味料 Seasoning

鹽 25g、水 500cc、田樂味噌醬 80g

準備處理

- 高麗菜切塊;青蔥切 4 公分段;洋蔥去皮切絲,紅甜椒、青椒去籽切條狀,以上材料浸泡鹽水 20 分鐘。

TIPS

- 這道料理,是將雞肉田樂味噌塗抹在蔬菜上品嚐即可。
- 以水 500cc 加入鹽 25g 拌勻成鹽水。

1. 高麗菜、蔥段、洋蔥、紅甜椒、青椒用鋁箔紙包裹起來。

2. 放入烤箱,以上下火 180℃烤 20 分鐘,取出盛盤。

3. 雞腿肉剁碎,加入少許鹽(份量外)拌勻。

4. 放入鍋中炒熟。

5. 關火,加入田樂味噌醬拌勻。

6. 取一支木製飯匙,平鋪上做法 5。

7. 再用火噴槍炙燒至上色,盛盤即可。

CH. 3 | 讓你再喝好幾杯
居酒屋下酒菜

鮭魚西京燒

西京燒所指的是，先使用西京味噌醃漬，再燒烤而成的料理，適用西京燒的魚，通常都是油脂多、肉質細緻，如鮭魚、鱈魚、比目魚等魚種。

西京味噌
▶ P.26

份量 3~4 人份

材料 Ingredients

鮭魚片 3 片（50g）、綿紗布 2 張

調味料 Seasoning

西京味噌 300g、薑泥 10g、鹽少許

準備處理

- 西京味噌醬加入薑泥拌勻。

TIPS

> 鋪上一層綿紗是為了避免味噌直接醃漬魚肉，使魚肉過度熟成。

1. 鮭魚片兩面撒上鹽，靜置 10 分鐘。

2. 洗淨後，用廚房紙巾擦乾水份，備用。

3. 取深盤，均勻塗抹一層調好的西京味噌。

4. 鋪上一層綿紗布。

5. 放上鮭魚片，蓋上綿紗布。

6. 再塗抹一層調好的西京味噌。

7. 封上保鮮膜，放入冰箱冷藏 2 天。

8. 取出鮭魚片，用廚房餐巾紙稍微擦拭掉醬料。

9. 放入烤箱，以上下火 160℃烤 20 分鐘即可。

CH. 3 讓你再喝好幾杯
居酒屋下酒菜

豚五花味噌燒

使用味噌醃漬過的豬五花肉，會將水份排出，讓油脂帶入味噌的氣味，口感上也會比較緊實。

西京味噌
▶ P.26

份量 1~2 人份

材料 Ingredients

豬五花肉片 50g

調味料 Seasoning

西京味噌 300g、蒜泥 30g、醬油 4 小匙

準備處理

- 西京味噌加入蒜泥、醬油拌勻。

TIPS

> 味噌醃漬過的豬肉一定要用水清洗表面，不然烤的時候，有味噌附著的地方會先焦化。

1. 準備一個密封袋，加入豬五花肉片、調好的西京味噌醬。

2. 按壓袋子，使醬料混合均勻。

3. 然後將豬五花肉片鋪平，放入冰箱冷藏 2 天。

4. 取出豬五花肉片，用清水洗淨。

5. 用廚房紙巾擦乾水份。

6. 放入烤箱，以上下火 150 ℃，烘烤 10 分鐘，取出靜置 3 分鐘。

7. 再放入烤箱，以上下火 180 ℃，烘烤 5 分鐘，取出分切一口大小即可。

CH. 3
讓你再喝好幾杯
居酒屋下酒菜

鮮魚魚田燒

「魚田燒」是將魚比喻成田地，抹上味噌或焗燒的醬汁，放上增加口感、香氣的食材來表現。

西京味噌
▶ P.26

份量 3～4 人份

材料 Ingredients

鱸魚片 2 片（80g）、青蔥 2 支、紅甜椒 20g、黃甜椒 20g、蛋黃 2 粒、白芝麻少許

調味料 Seasoning

西京味噌 100g、鹽少許

準備處理

鱸魚片表面劃刀；青蔥切成細蔥花；紅甜椒、黃甜椒去籽，切小丁狀。

TIPS

- 燒烤味噌時需要特別注意，過熱容易焦化，可以試著調低溫度再慢慢升高。
- 蛋黃扮演的是凝固劑的角色，所有調好的醬汁，只要加入少量的蛋黃，即可附著在魚肉上。

1. 西京味噌加入蛋黃拌勻，備用。

2. 鱸魚片兩面撒上鹽。

3. 放入烤箱，以上下火 160℃，烤 5 分鐘至全熟。

4. 取出鱸魚片，表面塗抹上調好的西京味噌醬。

5. 撒上蔥花、紅甜椒、黃甜椒、白芝麻。

6. 放入烤箱，以上火 200℃烤 3 分鐘即可。

CH. 3 讓你再喝好幾杯
居酒屋下酒菜

水果醋酒蒸鱸魚

以清酒蒸煮鱸魚，保留了鱸魚的鮮味，並且軟化肉質，再搭配水果醋食用，水果醋的酸，帶出鱸魚的鮮、香、甜。

和風水果醋
▶ P.27

份量 3～4 人份

材料 Ingredients

鱸魚片 1 片（180g）、板豆腐 30g、香菇 3 朵、紅蘿蔔 30g、青蔥 30g、白蘿蔔 30g、昆布 3cm

調味料 Seasoning

鹽 2 小匙、味醂 2 大匙、清酒 2 大匙

沾醬 Sauce

和風水果醋 2 大匙

準備處理

- 鱸魚片分切，表面劃刀；板豆腐分切三塊；香菇刻花紋；紅蘿蔔去皮，切片；青蔥一半切段，一半切蔥花；白蘿蔔磨泥；水果醋中加入蘿蔔泥、蔥花拌勻為沾醬。

TIPS

> 蒸魚時放入昆布，可以使昆布中的「麩胺酸鈉」，也就是天然的味素，滲入鱸魚肉裡。

1. 昆布用沾濕的廚房紙巾擦拭乾淨。

2. 取蒸盤，以豆腐鋪底，放上鱸魚片、昆布，加入香菇、紅蘿蔔、蔥段、所有調味料。

3. 放入蒸鍋，以大火蒸 10 分鐘，轉小火再蒸 10 分鐘。

4. 將昆布拿掉，從蒸鍋中取出。

5. 搭配沾醬品嘗即可。

CH. 3 | 讓你再喝好幾杯
居酒屋下酒菜

山藥明太子焗燒

日本山藥皮薄水份多，研磨後比較有黏性，可以生食。根據日本人的說法，吃山藥能養胃解酒，所以很常出現在居酒屋的菜單上。

明太子奶油醬
▶ P.27

份量 3～4 人份

材料 Ingredients

日本山藥 300g

調味料 Seasoning

明太子奶油醬 4 大匙、海苔粉適量

準備處理

- 日本山藥帶皮輪切 2cm 厚，取調理盆裝入鹽水（份量外），放入日本山藥浸泡。

1. 將調理盆封上保鮮膜。

2. 放入微波爐，微波 30 秒兩次。

3. 取出日本山藥，放入烤箱，以上下火 220℃ 烤至焦黃。

4. 塗抹上明太子奶油醬。

5. 再放入烤箱，烤至上色。

6. 取出，撒上海苔粉即可。

TIPS

- 山藥切 2cm 厚可以保持口感且能均勻受熱。
- 山藥削皮後，容易氧化變黑，所以要立即泡鹽水。
- 使用微波爐可以快速蒸熟山藥，或是用小火煎烤至熟也可以。

CH.
3 | 讓你再喝好幾杯
居酒屋下酒菜

112

槍烏賊柚香拌物

「槍烏賊」在台灣其實不論是小卷、中卷、透抽,都統稱為「鎖管」,汆燙後加入柚子味噌、白酢等,就是一道酸香的拌物。

柚子味噌醬
▶ P.28

份量 3～4 人份

材料 Ingredients

透抽 200g、日本山藥 30g、小黃瓜 1/3 條、枸杞少許

調味料 Seasoning

鹽 1/4 小匙、細砂糖 1/4 小匙、白酢 1/4 小匙、柚子味噌醬 80g

準備處理

- 透抽摘除頭部,挖除內臟、墨囊,抽出魚骨,切條狀;日本山藥去皮,切條狀,泡水;小黃瓜去籽,切條狀。

TIPS

- 抓洗透抽時加入少許鹽,能更容易清洗掉表面的黏液。
- 透抽汆燙時間不宜過熟,避免口感變得太硬,不好吃。

1. 透抽加入少許鹽(份量外),抓洗乾淨。

2. 放入滾水汆燙至熟,取出。

3. 放入冰飲用水冰鎮,備用。

4. 取調理盆,加入山藥、小黃瓜、鹽、細砂糖、白酢,靜置 5 分鐘,倒掉滲出的水份,盛盤。

5. 取調理盆,加入透抽、柚子味噌醬,拌勻。

6. 盛盤,放上枸杞點綴即可。

CH. 3 讓你再喝好幾杯
居酒屋下酒菜

香柚蒸魚

這是創新的料理手法，將香吉士和鱸魚一起蒸煮，利用柑橘的香氣去除魚腥味，且和柚子味噌的口感相輔相乘。

柚子味噌醬
▶P.28

份量 1～2 人份

▶ 材料 Ingredients

鱸魚片 1 片（100g）、香吉士 60g、薑 20g、青蔥 1 支、枸杞少許

▶ 調味料 Seasoning

鹽少許、白胡椒粉少許、清酒 4 小匙、柚子味噌醬 80g

準備處理

鱸魚片、香吉士、薑切片；青蔥切成蔥花。

TIPS

蒸鍋可以透過開蓋程度來調節溫度，比如全蓋為 100°C，留一個小縫為 80～90°C。

1. 取蒸盤，放入香吉士，疊上鱸魚片。

2. 放上薑片，撒上鹽、白胡椒粉，淋上清酒。

3. 放入蒸鍋，以大火蒸煮 8 分鐘。

4. 抹上柚子味噌醬，撒上蔥花。

5. 再放入蒸鍋，以小火蒸 5 分鐘。

6. 取出，放上枸杞點綴即可。

| CH. 3 | 讓你再喝好幾杯
| 居酒屋下酒菜

昆布味噌蔬菜棒

將昆布味噌當成沙拉醬使用，少了油膩感，多了海洋的清爽，搭配各式蔬菜，不一樣的滋味，各有風味。

祕製昆布味噌
▶ P.29

份量 3～4 人份

材料 Ingredients

紅蘿蔔 1／3 根、小黃瓜 1／2 條、西洋芹 3 株、鹽 2 小匙

沾醬 Sauce

祕製昆布味噌 4 大匙

準備處理

紅蘿蔔去皮，切粗條狀；小黃瓜去籽，切粗條狀；西洋芹去葉子，切粗條狀。

TIPS

- 將蔬菜切成大小均勻的棒狀，能方便取用和沾醬。
- 蔬菜棒用鹽搓揉、洗淨，是為了去除蔬菜的青澀味。
- 用冰飲用水冰鎮，可以增加蔬菜的脆度和口感，但取出後要確實瀝乾水份，避免影響沾醬風味。

1. 紅蘿蔔、小黃瓜，撒上鹽。

2. 紅蘿蔔、小黃瓜再用手仔細搓揉，洗淨。

3. 紅蘿蔔、西洋芹、小黃瓜浸泡冰飲用水冰鎮。

4. 將所有材料盛盤，沾取昆布味噌食用即可。

CH. 3 | 讓你再喝好幾杯
居酒屋下酒菜

118

小白魚昆布味噌豆腐

昆布味噌的鹹味把豆腐的豆香味完全激發出來，然後魩仔魚的鮮味，使口味再提升一個層次。

祕製昆布味噌
▶P.29

份量 3～4 人份

材料 Ingredients

板豆腐 200g、青蔥 2 支、魩仔魚 30g、水 100cc

調味料 Seasoning

鹽 1 小匙、祕製昆布味噌 4 大匙

準備處理

- 板豆腐切成大塊；青蔥切成蔥花。

TIPS

> 魩仔魚一般都用海水蒸煮過，保留了海水的鹹味，所以食用之前先用清水洗過或汆燙過，才不會過鹹。

1. 魩仔魚泡水洗去鹽味。

2. 取鍋子，加入水、鹽，放入魩仔魚，汆燙至熟，取出瀝乾，備用。

3. 放入板豆腐，燙煮 1 分鐘，取出盛盤。

4. 淋上祕製昆布味噌。

5. 撒上魩仔魚、蔥花即可。

CH. 3 | 讓你再喝好幾杯
居酒屋下酒菜

120

山藥海老拌梅香

山藥和梅子一直是日本料理中的好搭檔，將海老和山藥切條，淋上梅子油醋醬，馬上變成一道絕佳的開胃前菜。

梅子油醋醬
▶P.30

份量 3～4 人份

材料 Ingredients

草蝦 3 隻、日本山藥 300g、青蔥 2 支、竹籤 3 支、白芝麻少許

調味料 Seasoning

梅子油醋醬 2 大匙

準備處理

草蝦挑去沙腸，切去蝦頭；日本山藥去皮沖洗，切條狀，泡水；青蔥切絲，泡水。

TIPS

用竹籤將蝦子串直再汆燙，便可以將原本彎曲的蝦身拉直定型。

1. 草蝦從蝦尾插入竹籤至蝦頭，串直。

2. 準備一鍋滾水，放入草蝦燙熟。

3. 取出，泡冰飲用水冰鎮。

4. 抽出竹籤，剝除蝦殼，先對切。

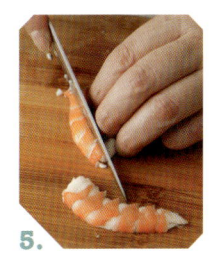

5. 再切成條狀。

6. 將山藥盛盤，再放上草蝦、蔥絲。

7. 淋上梅子油醋，撒上白芝麻即可。

CH. 3 | 讓你再喝好幾杯
居酒屋下酒菜

海之幸陶燒

陶鍋能穩定加熱、保持食材香味不散失，放入食材，加入紫蘇蒜香奶油加熱至乳化，滲入海鮮之中，讓料理充滿層次與風味。

紫蘇蒜香奶油醬
▶P.30

份量 3〜4 人份

材料 Ingredients

草蝦 5 隻、九孔鮑 5 粒、洋蔥 1/3 個、紅甜椒 1/4 個、玉米筍 4 支、青江菜 5 株

調味料 Seasoning

鹽少許、紫蘇蒜香奶油醬 2 大匙、清酒少許、味醂少許

準備處理

- 草蝦去殼去腸泥；九孔鮑去殼；洋蔥去皮，切絲；紅甜椒去籽，切條；玉米筍切段。

TIPS

- 九孔鮑劃格紋可以讓調味更容易入味。
- 開火讓整個陶鍋受熱後，以中火將材料炒熟，接下來只要開小火保持溫度即可。

1. 青江菜以滾水汆燙過，取出備用。

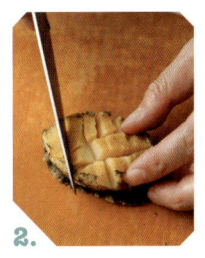

2. 九孔鮑魚用刀子在表面劃刀格紋。

3. 取陶鍋，加入草蝦、九孔鮑、洋蔥、鹽、紫蘇蒜香奶油醬，乾煎至兩面焦黃。

4. 加入玉米筍、紅甜椒、清酒、味醂，以中火炒熟。

5. 轉小火，放入青江菜，蓋上鍋蓋，煮至收乾水份即可。

123

CH. 3 讓你再喝好幾杯
居酒屋下酒菜

雞肉串燒

日式烤雞串（燒き鳥）是相當大眾化的居酒屋小吃，台灣商家多直譯「燒鳥」，亦有以烤雞串為主的專門店。一般而言是用竹籤插上幾塊一口大小的雞肉（或雞內臟）與大蔥，以備長炭炭火烤製。

照燒醬 ▶P.31

份量 3~4 人份

材料 Ingredients

去骨雞腿肉 1 支、串燒竹籤 4 支、白芝麻少許

調味料 Seasoning

照燒醬 100cc、七味粉少許

醃料 Marinade

白胡椒粉少許、鹽 3g、清酒 2 大匙

準備處理

去骨雞腿肉切小塊，再將皮肉分開；將照燒醬倒入能浸泡整支雞肉串的容器。

TIPS

將雞皮和雞腿肉分切，主要是要利用雞皮來包腿肉，如此才能串出漂亮雞肉串。

1. 雞腿肉、雞皮用廚房紙巾擦乾水份。
2. 加入醃料，抓勻，靜置醃漬 5 分鐘。 
3. 將雞皮包覆雞腿肉。 
4. 用竹籤將雞腿肉串起。 
5. 放入烤箱，以上下火 180°C，正反面各烤 10 分鐘。 
6. 將雞肉串泡入照燒醬，再放入烤箱，以上火 200°C，烤 30 秒。 
7. 再泡入照燒醬，放回烤箱，重複 6 次至完全上色。 
8. 取出，撒上白芝麻、七味粉即可。

CH. 3 | 讓你再喝好幾杯
居酒屋下酒菜

126

豚肉野菜焚合

「焚合」是流傳於鄉野間的一種原始料理手法，將野菜和肉放入鐵鍋，以小火經由長時間慢煮，這樣能將食材的鮮味、甜度煮出來，且肉質保持柔軟。

壽喜燒醬
▶P.32

份量 3～4 人份

材料 Ingredients

豬五花肉 200g、馬鈴薯 100g、紅蘿蔔 30g、玉米 50g、珍珠洋蔥 50g、水 200cc、青江菜 40g

調味料 Seasoning

壽喜燒醬 300cc

準備處理

豬五花肉切片；馬鈴薯、紅蘿蔔去皮，切塊；玉米切塊；珍珠洋蔥去皮。

TIPS

燉煮過程不要攪拌食材，如有雜質泡沫可以撈除。

1. 豬五花肉片放入鍋中，拌炒至焦黃。

2. 加入洋蔥、馬鈴薯、紅蘿蔔塊，以大火拌炒。

3. 加入壽喜燒醬、水，放入玉米，以中火煮 20 分鐘至熟。

4. 轉小火，蓋上鍋蓋，煮 30 分鐘。

5. 待材料入味軟化，放入青江菜煮至熟即可。

CH. 3 讓你再喝好幾杯
居酒屋下酒菜

牛肋排香蒜燒

肋眼排（Ribeyesteak）也稱為肉眼排，傳統西餐的肋眼牛排是搭配烤蒜頭食用，這次我搭配蒜香味噌，呈現出另一種風味。

蒜香味噌
▶P.33

份量 3～4 人份

材料 Ingredients

蒜苗1支、青蔥1支、肋眼牛排200g、白芝麻少許

調味料 Seasoning

鹽少許、蒜香味噌4大匙

準備處理

- 蒜苗、青蔥切碎。

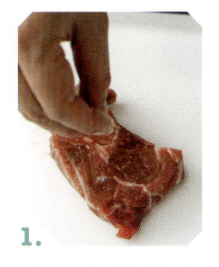

1. 肋眼牛排撒上鹽，靜置5分鐘。
2. 用廚房紙巾擦乾水份。 
3. 熱鍋倒入冷油，放入肋眼牛排，煎至兩面焦黃。 
4. 取出，放入鐵盤，表面塗抹上蒜香味噌。 
5. 再撒上蒜苗、蔥花。 
6. 放入烤箱，以上下火160℃烤10分鐘。 
7. 取出，靜置3分鐘，撒上白芝麻即可。 

TIPS

- 牛肉煎熱後，用鋁鉑紙包起來，靜置15分鐘回熟，假如牛排一分熟，回熟後會達到3分熟度。

CH.
3

讓你再喝好幾杯
居酒屋下酒菜

蒜味噌蒸魚

蒜香味噌口味較重，適合搭配油脂比較多或味道較重的魚肉，蒜味噌除了可以去除腥味，還能平衡魚肉的口感。

蒜香味噌
▶ P.33

份量 1～2 人份

材料 Ingredients

薑 10g、青蔥 2 支、紅甜椒 15g、比目魚片 1 片（100g）、白芝麻少許

調味料 Seasoning

鹽少許、清酒 2 小匙、蒜香味噌 4 大匙

準備處理

- 薑切片；青蔥一半切段，一半切成蔥花；紅甜椒去籽，切小丁狀。

TIPS

一般蒸魚會使用酒、薑、蔥蒸熟，如此可以去腥，第二次蒸才是將風味蒸入魚身。

1. 比目魚放入蒸碗，放上薑片、蔥段，撒上鹽。

2. 再淋上清酒。

3. 放入蒸鍋，以大火蒸 10 分鐘。

4. 取出薑片、蔥段。

5. 塗抹上蒜香味噌，以小火再蒸 5 分鐘。

6. 撒上蔥花、紅甜椒丁、白芝麻即可。

CH. 3 讓你再喝好幾杯
居酒屋下酒菜

扇貝蒜味燒

扇貝的殼就是天然的食器，在殼中塗上蒜味噌，放在直火烤網上，小火煮出扇貝湯汁和蒜香味噌溶在一起，最後冬粉吸飽湯汁，就可以美味上桌。

蒜香味噌
▶P.33

份量 3～4 人份

材料 Ingredients

帶殼扇貝 5 個、冬粉 10g、珍珠洋蔥 10g、青蔥 2 支

調味料 Seasoning

蒜香味噌 4 大匙、清酒 4 小匙、七味粉少許

準備處理

扇貝分開殼和貝肉，清洗；冬粉分段；珍珠洋蔥去皮，切片；青蔥切成蔥花。

TIPS

- 扇貝放烤網上可能容易滑動，可以使用鋁鉑紙來固定扇貝，或是使用烤箱來燒烤。
- 扇貝肉燒烤至熟即可，不可以烤過久，肉質容易變老。

1. 冬粉泡熱水至軟。
2. 扇貝殼內塗抹上蒜香味噌。 
3. 依序放上冬粉、扇貝肉、洋蔥片。 
4. 撒上蔥花，淋上清酒。 
5. 放在烤網上，以小火燒烤，過程中重複翻動扇貝肉，燒烤至熟。 
6. 最後撒上七味粉即可。

CH. 3 讓你再喝好幾杯
居酒屋下酒菜

鹽麴淺漬黃瓜

以鹽麴鰹魚醬的鹹味,帶出小黃瓜的甜味,是道簡單又美味的料理,非常適合當作開胃小菜,清爽的口感能刺激食欲。

鹽麴鰹魚醬
▶P.33

份量 3〜4 人份

▪ 材料 Ingredients

小黃瓜 3 條、細柴魚片少許、白芝麻少許

▪ 調味料 Seasoning

鹽麴鰹魚醬 50cc

準備處理

- 小黃瓜洗淨,切去頭尾。

TIPS

- 「蛇腹切法」是爲了讓醬汁更好醃漬,如要口感好、脆度高,可以直接切塊狀。
- 如果一次製作份量較多,可以用保鮮盒密封,放入冰箱冷藏,當作常備小菜。

1. 小黃瓜斜切但不要切斷。

2. 滾至另一面,再以相同方式切一次。

3. 將小黃瓜完成「蛇腹切」。

4. 分切一口大小,放入調理盆。

5. 加入鹽麴鰹魚醬,醃漬 3 分鐘。

6. 盛盤,撒上柴魚片、白芝麻即可。

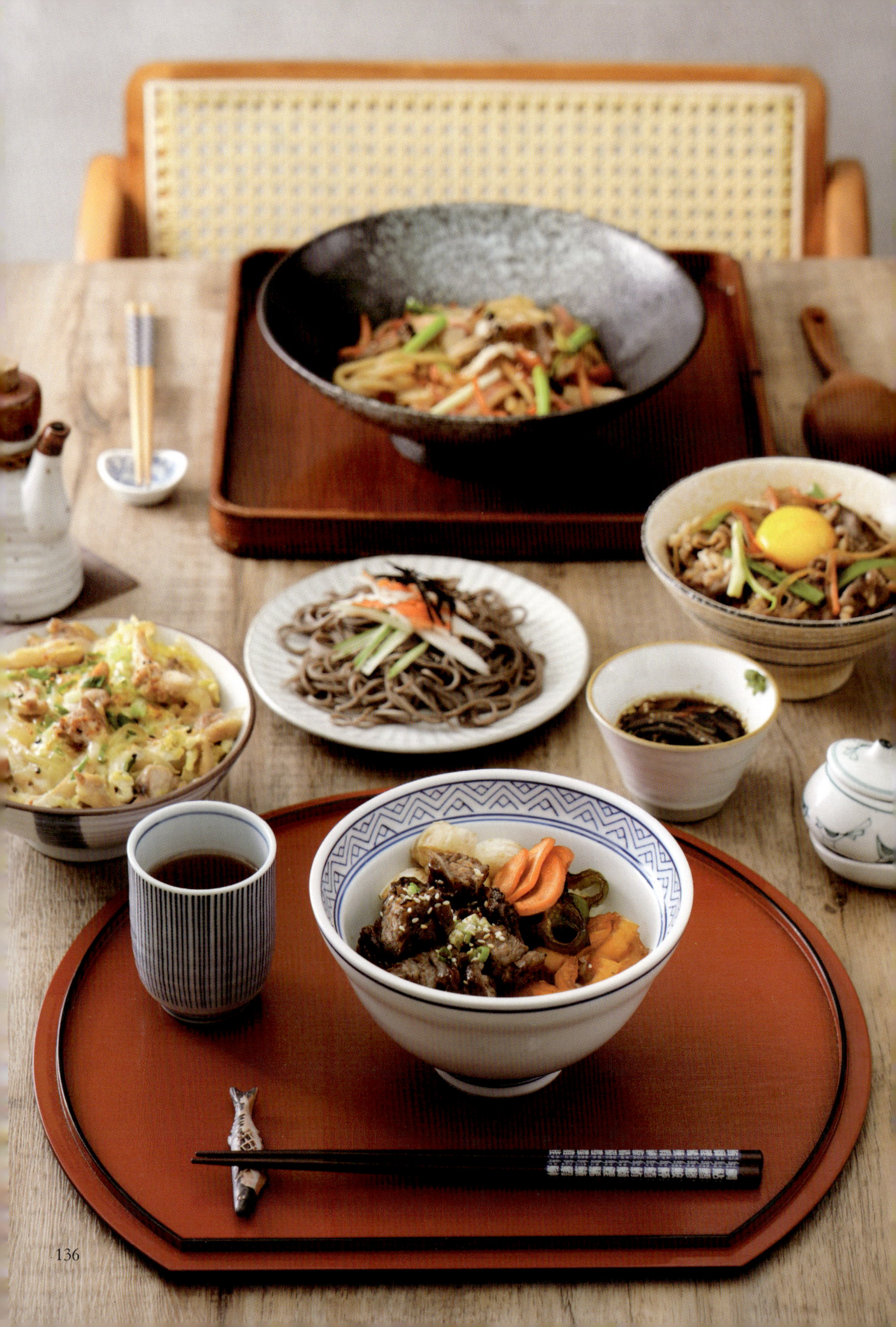

CHAPTER 4

飽足感 100 分

一人份の丼飯麵食

料理不只僅是為了填飽肚子，更能溫暖身心，本單元嚴選各式經典丼飯與麵食，如醬香四溢的照燒雞腿丼，帶有微微焦香的昆布味噌烤御飯糰，經典日系義大利麵明太子天使髮絲麵等，輕鬆完成一份有肉又有菜的美味主食，即便一個人，也能吃得很滿足！

CH. 4 | 飽足感100分
一人份の丼飯麵食

山葵蔥鹽醬燒豚丼

山葵的嗆味能讓豬肉吃起來特別的甜，豬肉炙燒流出的油脂拌入飯中，搭配山葵蔥鹽平衡口感，吃起來有多重層次的香味。

山葵蔥鹽醬
▶ P.25

份量 1 人份

材料 Ingredients

牛番茄 1/2 個、青蔥 10g、豬五花肉片 80g、白飯 1 碗、白芝麻少許

調味料 Seasoning

醬油 2 小匙、味醂 2 大匙、清酒 2 大匙、白胡椒粉少許、山葵蔥鹽醬 2 大匙

準備處理

- 牛番茄去除蒂頭，切片；青蔥切成蔥花。

TIPS

- 炙燒時火焰不要靠肉太近，有點距離，才能把油脂烤出而不會焦化。
- 如果沒有火噴槍，可以把肉片放入烤箱烤至熟，但會少了炙燒的香氣。

1. 取調理盆，加入豬五花肉片、醬油、味醂、清酒、白胡椒粉醃漬 5 分鐘。

2. 豬五花片放入冷鍋，以小火將兩面煎熟。

3. 丼飯碗放入白飯，鋪上煎好的豬五花肉片、番茄片。用火噴槍炙燒出香味。

4. 放上山葵蔥鹽醬，撒上蔥花、白芝麻即可。

CH.
4 | 飽足感100分
   | 一人份の丼飯麵食

奶油味噌鮭魚丼

鮭魚的油脂和奶油,絕對是最速配的味道,使用奶油味噌來為鮭魚做調味,不但能提鮮,還能軟化鮭魚的肉質,非常美味。

奶油味噌
▶ P.25

份量 1 人份

材料 Ingredients

鮭魚片 80g、洋蔥 30g、紅甜椒 10g、菠菜 30g、水 2 大匙、白飯 1 碗

調味料 Seasoning

奶油味噌 50g、粗黑胡椒粉少許

準備處理

- 鮭魚片切小塊;洋蔥去皮,切塊;紅甜椒去籽,切塊。

TIPS

- 味噌料理都是以小火加熱,一是防止焦化,二是火太大會使水份散失,導致味道會變鹹。
- 粗黑胡椒粉些許的辛辣感,能讓整碗丼飯比較不會膩口。

1. 熱鍋倒入少許橄欖油,放入鮭魚塊,煎至上色。

2. 加入洋蔥、紅甜椒、菠菜拌炒。

3. 加入水、奶油味噌,以小火煮沸。

4. 丼飯碗放入白飯,再放上做法 3。

5. 最後撒上粗黑胡椒粉即可。

CH. 4 | 飽足感100分
一人份の丼飯麵食

明太子天使髮絲麵

天使麵來自英文的 AngelHair，指麵體細如天使的髮絲，而明太子在近年也成為西餐的新味覺，兩者結合的口味，新穎獨特。

明太子奶油醬
▶P.27

份量 1 人份

材料 Ingredients

火腿片 2 片、小黃瓜 1/3 條、洋蔥 1/4 個、天使髮絲麵 30g、水少許、海苔粉少許

調味料 Seasoning

鹽少許、明太子奶油醬 4 大匙

準備處理

- 火腿片切絲；小黃瓜去籽，切絲，泡水；洋蔥去皮，切碎。

TIPS

- 以小火烹煮天使髮絲麵比較好掌控，避免麵條煮過爛。
- 明太子醬不能加熱過久，所以烹調速度要快，且溫度不能太高。

1. 準備一鍋滾水加入少許鹽（份量外），放入天使髮絲麵煮至 8 分熟，取出備用。

2. 冷鍋倒入少許橄欖油，加入洋蔥碎，撒上鹽，以小火拌炒。

3. 放入天使髮絲麵，再加入火腿、小黃瓜。

4. 加入明太子奶油醬 3 大匙，再加入水，以小火拌均。

5. 盛盤，淋上明太子奶油醬 1 大匙，撒上海苔粉即可。

CH. 4
飽足感 100 分
一人份の丼飯麺食

牛肋條燒肉丼

牛肋條是讓人又愛又恨的部位，迷人的油脂，帶有口感的肉質，但牛筋如果沒有切割、沒有烤透，吃起來就會太硬，那該如何料理？這就告訴你。

果香燒肉醬
▶ P.28

份量 1 人份

材料 Ingredients

黃甜椒 15g、青椒 15g、紅蘿蔔 15g、青蔥 5g、珍珠洋蔥 15g、白飯 1 碗、牛肋條 200g、水 300cc、白芝麻少許

調味料 Seasoning

黑胡椒粒 3g、鹽 4 小匙、果香燒肉醬 80cc、七味粉少許

準備處理

- 黃甜椒、青椒去籽，切片；紅蘿蔔去皮，切片；青蔥切成蔥花；珍珠洋蔥去皮；白飯盛碗。

TIPS

用溫水浸泡牛肉算是低溫烹調的手法，如使用定溫設備來加熱，效果更佳。

1. 牛肋條劃刀網格狀，但不要切斷。

2. 取湯鍋，加入牛肋條、水、黑胡椒粒、鹽，以中小火保持水溫在 60～70℃，浸泡 1 小時。

3. 取出牛肋條，與黃甜椒、青椒、紅蘿蔔、珍珠洋蔥，以果香燒肉醬醃漬 10 分鐘。

4. 取出所有食材，放入烤箱，以上下火 180℃烤 20 分鐘，過程要不時翻面。

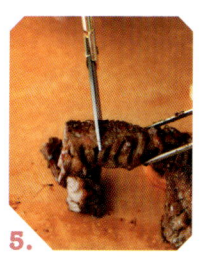

5. 取出牛肋條，用剪刀剪成一口大小，跟烤好的蔬菜一起盛碗。

6. 撒上白芝麻、蔥花、七味粉即可。

CH. 4 | 飽足感 100 分 | 一人份の丼飯麵食

豚肉胡麻冷麵

讚岐烏龍麵（さぬきうどん）是日本香川縣特產的烏龍麵，由於香川縣過去的舊地名為「讚岐」，故以此命名。

胡麻醋
▶P.29

份量 1 人份

材料 Ingredients

豬梅花肉片 50g、紅蘿蔔 1/4 根、小黃瓜 1/2 條、青蔥 2 支、讚岐烏龍麵 50g、柴魚高湯 50cc

調味料 Seasoning

胡麻醋 100g、山葵醬 2 小匙

準備處理

- 豬梅花肉片切條狀；紅蘿蔔去皮切絲，小黃瓜去籽切絲、青蔥切絲，以上材料泡水。

TIPS

- 讚岐烏龍麵煮熟後，務必使用飲用水清洗掉表面的粉漿，這樣子口感才會爽口。
- 小黃瓜、紅蘿蔔、青蔥切絲後泡水，可以保持脆口的口感。

1. 烏龍麵水煮至熟，取出以飲用水沖洗，盛盤。

2. 豬梅花肉片以滾水燙熟，取出放涼，盛盤。

3. 放上紅蘿蔔、小黃瓜、蔥絲、山葵醬。

4. 取調理碗，加入胡麻醋、柴魚高湯。

5. 用打蛋器攪拌均勻，用杯型碗盛裝即為沾汁，搭配烏龍麵食用即可。

CH. 4 | 飽足感100分
一人份の丼飯麵食

昆布味噌烤御飯糰

御飯糰迷人之處在於，燒烤後的米香味和微焦的鍋粑，然後塗上昆布味噌，直火炙燒出誘人的醬香，令人食指大動。

祕製昆布味噌
▶P.29

份量 1 人份

材料 Ingredients

白飯 160g、海苔 1 張、白芝麻少許

調味料 Seasoning

祕製昆布味噌 4 大匙

TIPS

♪ 直火烘烤海苔的步驟可以自行斟酌，但海苔用爐火快速烘烤過，會使海苔的香味釋放。

1. 手指尖稍微沾水。

2. 取白飯 40g，捏成球狀放在左手，控制厚度。

3. 右手呈 120 度輕壓，滾動飯糰以塑型。

4. 捏成三角飯糰。

5. 放入烤箱，以上下火 180 ℃，烤至微焦。

6. 取出，塗抹上祕製昆布味噌。

7. 再放入烤箱，以上下火 160 ℃，烤至微焦。

8. 海苔用爐火快速烘烤過。

9. 撒上白芝麻，用海苔包裹飯糰即可。

CH. 4 飽足感 100 分
一人份の丼飯麵食

紫蘇奶油海鮮麵

由多種海鮮煮出的高湯，溶入紫蘇蒜香奶油醬，再讓烏龍麵吸飽湯汁，就成為一道和洋風味的海鮮麵。

紫蘇蒜香奶油醬
▶P.30

份量 1 人份

材料 Ingredients

蛤蜊 6 粒、草蝦 5 隻、九孔鮑 30g、洋蔥 1/4 個、魚板 3 片、青蔥 2 支、紅蘿蔔 1/4 根、讚岐烏龍麵 1 份、水 50cc

調味料 Seasoning

紫蘇蒜香奶油醬 50g、白胡椒粉少許、清酒 4 小匙、味醂 1 小匙、醬油 2 小匙

準備處理

- 蛤蜊泡水吐沙；草蝦去殼去腸泥；九孔鮑去殼，切條；洋蔥去皮，切絲；魚板、青蔥切絲；紅蘿蔔去皮，切絲。

TIPS

- 烏龍麵務必要收乾湯汁，麵條的味道才會鮮美。

1. 冷鍋加入紫蘇蒜香奶油醬、草蝦、蛤蜊、九孔鮑，以小火慢煎至熟。

2. 加入魚板、洋蔥、紅蘿蔔，拌炒一下。

3. 加入烏龍麵、水、白胡椒粉、清酒、味醂、醬油。

4. 蓋上鍋蓋，燜煮 3 分鐘，待稍微收乾水份。

5. 盛碗，放上青蔥絲，淋入一些煮麵湯汁，即可。

CH. 4 飽足感100分 | 一人份の丼飯麵食

照燒雞腿丼

在燒烤時，為了不讓照燒醬焦化，所以會先把雞腿烤熟，照燒醬在一層一層的烤上色，如此不但可以吃到雞肉的原味，還能品嘗到與照燒醬結合的口感。

照燒醬
▶P.31

份量 1 人份

材料 Ingredients

白飯 1 碗、去骨雞腿肉 1 支、白芝麻少許

醃料 Marinade

白胡椒粉少許、鹽 3g、清酒 2 大匙

調味料 Seasoning

照燒醬 100cc、七味粉少許

準備處理

- 白飯盛碗。

TIPS

♪ 醃料可以使用液態鹽麴 15g 替代。

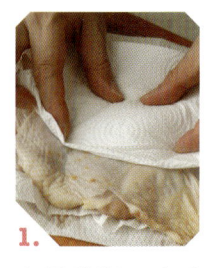

1. 去骨雞腿用廚房紙巾擦乾水份。

2. 加入醃料抓勻，靜置醃漬 5 分鐘。

3. 再用廚房紙巾擦乾水份。

4. 冷鍋放入去骨雞腿，雞皮朝下，以中小火乾煎。

5. 煎出油脂後翻面，用鍋鏟稍微壓扁，以小火煎至 7 分熟。

6. 加入照燒醬，用湯匙反覆將醬汁淋在雞腿上，重複 10～15 次。

7. 等雞腿表面扒附上醬汁，取出盛碗，並淋上些許醬汁。

8. 最後撒上白芝麻、七味粉即可。

CH. 4 | 飽足感 100 分
一人份の丼飯麵食

蟹肉蕎麥冷麵

蕎麥麵是日本才有的特殊食材，早期並不是麵條，而是類似餃子型或餅乾型方便食用。在日本蕎麥麵專門店會有不同配方供顧客選擇，如十割蕎麥麵是使用100%蕎麥製麵，依此類推，超市販賣的袋裝蕎麥麵，會標註「二八蕎麥」，指的是20%小麥粉、80%蕎麥粉的意思。

萬能八方汁
▶P.31

份量 1 人份

材料 Ingredients

生食蟹味棒30g、小黃瓜1條、青蔥1支、白芝麻少許、蕎麥麵60g、海苔絲少許

調味料 Seasoning

萬能八方汁100cc、鹽少許、七味粉少許、山葵醬少許

準備處理

蟹味棒剝成絲；小黃瓜切絲；青蔥切蔥花；萬能八方汁倒入杯型碗，加入白芝麻，即為沾汁。

TIPS

以冰飲用水清洗洗掉蕎麥麵表面的澱粉漿，吃起來更爽口，且冰鎮過後口感更Q彈。

1. 準備一鍋滾水加入鹽，放入蕎麥麵，以中火煮沸，加入1匙冷水再煮沸，重複3次。

2. 取出蕎麥麵，以冰飲用水清洗，重複2次後盛盤。

3. 依序放上小黃瓜絲、蟹味棒絲。

4. 最後放上海苔絲，搭配沾汁、七味粉、山葵、蔥花食用即可。

CH. 4 飽足感 100 分
一人份の丼飯麵食

蟹粉炊飯

日本料理中「炊飯」也是一門極深的學問，將所有食材放入陶鍋，然後一鍋煮到好。米粒加入蟹粉醬，經歷過大火煮、小火燜，最後讓每一粒米都充滿蟹味香氣。

萬用蟹粉醬
▶ P.32

份量 1 人份

材料 Ingredients

白米 180g、紅蘿蔔 1/4 根、鴻喜菇 20g、玉米 1/4 支、青蔥 1 支、水 200cc、毛豆仁 15g

調味料 Seasoning

萬用蟹粉醬 50g

準備處理

白米清洗，泡水 30 分鐘，瀝乾；紅蘿蔔去皮，切丁；鴻喜菇稍微剝散；玉米切削成玉米粒；青蔥切成蔥花。

TIPS

剛煮好的炊飯，會比較濕潤，可以攪拌好後，再蓋上鍋蓋燜一下，就可以收乾水份。

1. 取陶鍋，加入材料（除了蔥花）拌勻。

2. 以大火煮 7 分鐘，不停攪拌，直至水份收乾。

3. 轉小火，蓋上鍋蓋，煮 6 分鐘，期間不要打開鍋蓋。

4. 關火，燜 8 分鐘。

5. 打開鍋蓋，拌勻，撒上蔥花即可。

CH. 4 | 飽足感100分
一人份の丼飯麵食

蟹香海鮮雜炊

「雜炊」是將砂鍋中所有材料混合煮成粥，一般會用涮涮鍋最後的湯底，而我們是使用蟹粉醬，加入海鮮，慢火煮成雜炊。

萬用蟹粉醬
▶P.32

份量 1 人份

材料 Ingredients

九孔鮑 3 個、鱸魚片 1 片（80g）、草蝦 5 隻、青蔥 1 支、雞蛋 1 個、水 800cc、白飯 100g、魚板 3 片

調味料 Seasoning

萬用蟹粉醬 100g

準備處理

- 九孔鮑去殼；鱸魚片切條；草蝦去殼去腸泥；青蔥切成蔥花；全蛋打散成蛋液。

TIPS

> 最後加入蛋液，用鍋內餘溫來燜熟，口感會特別滑嫩。

1. 陶鍋加入水，放入魚板、魚片、九孔鮑、草蝦煮至熟，取出備用。

2. 加入白飯，以中火煮至水份減少一半，加入萬用蟹粉醬，攪拌均勻。

3. 關火，加入蛋液拌勻。

4. 蓋上鍋蓋，燜1分鐘。

5. 打開鍋蓋，放上魚板、魚片、九孔鮑、蝦仁，撒上蔥花即可。

CH. 4 | 飽足感 100 分
一人份の丼飯麵食

牛肉壽喜燒丼

壽喜燒（すきやき）為日本的代表性料理，古代日本人將鋤頭洗乾淨，放在火上燒熱後，將肉片沾上醬汁燒熟食用。分為關東、關西兩種，關東式是將醬汁煮好，依喜好加入蔬菜或肉片；關西式為鍋內先加入和三盆糖拌炒後，加入肉片等油脂釋出，在加入醬油高湯等。

壽喜燒醬
▶ P.32

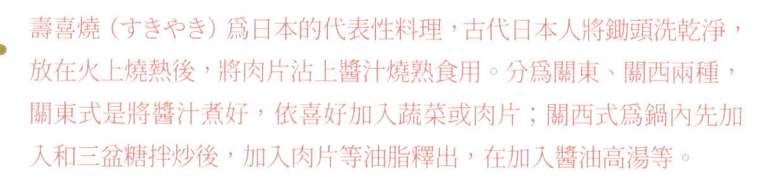

份量 1 人份

材料 Ingredients

牛蒡 30g、紅蘿蔔 30g、洋蔥 30g、青蔥 10g、白飯 1 碗、牛胸腹肉片 100g、蛋黃 1 粒

調味料 Seasoning

壽喜燒醬 120cc

準備處理

牛蒡、紅蘿蔔、洋蔥去皮，切絲，以上材料泡水；青蔥切段；白飯盛碗。

TIPS

牛肉壽喜燒丼一定要配上生蛋黃，口味才不會過重。

1. 鍋子倒入少許橄欖油，加入牛蒡、紅蘿蔔、洋蔥，炒香。

2. 加入壽喜燒醬，轉小火。

3. 加入牛胸腹肉片，煎至熟。

4. 關火，加入蔥段。

5. 盛碗，淋入一些湯汁。

6. 放上生蛋黃即可。

CH. **4** | 飽足感 100 分
一人份の丼飯麵食

壽喜燒風親子丼

以壽喜燒醬汁來製作親子丼，淋上蛋液時要均勻，確保平均受熱，並把握關火時間點，就能燜出最美味的滑蛋口感。

壽喜燒醬
▶P.32

份量 1 人份

材料 Ingredients

去骨雞腿200g、大白菜100g、洋蔥1/4個、青蔥1支、白飯1碗、水100cc、雞蛋3個

調味料 Seasoning

壽喜燒醬100cc、七味粉少許

準備處理

- 去骨雞腿切條；大白菜切絲；洋蔥去皮，切絲；青蔥切成蔥花；白飯盛碗。

TIPS

壽喜燒的醬汁口味偏重，做丼飯時要特別注意稀釋比例及烹煮時間，並控制好加熱的溫度，避免過熱使水份蒸發過快而變鹹。

1. 鍋子放入大白菜、洋蔥，加入水、壽喜燒醬，以中小火煮至軟爛。

2. 放入雞腿肉，蓋上鍋蓋，以大火煮至熟。

3. 將雞蛋打散成蛋液，淋入鍋中。

4. 撒上蔥花，關火。

5. 蓋上鍋蓋，燜1分鐘。

6. 盛碗，撒上七味粉即可。

CH. 4 | 飽足感100分
一人份の丼飯麵食

牛肉壽喜燒烏龍麵

吃烏龍麵不可少了七味唐辛子，又稱七味粉，是由唐辛子（辣椒）和其他六種不同的香辛料配製（不同品牌也會有不同配料），能讓風味更有層次。

壽喜燒醬
▶ P.32

份量 1 人份

材料 Ingredients

洋蔥 1/4 個、紅蘿蔔 20g、魚板 30g、鴻喜菇 10g、青蔥 1 支、牛胸腹肉片 50g、水 50cc、讚岐烏龍麵 1 份

調味料 Seasoning

壽喜燒醬 120cc、七味粉少許

準備處理

- 洋蔥、紅蘿蔔去皮，切絲；魚板切絲；鴻喜菇稍微剝散；青蔥切段。

TIPS

♪ 烏龍麵要用小火慢煮才能入味，然後最後大火收汁，火焰不要大過鍋邊，防止鍋內焦化，影響風味。

1. 鍋子倒入少許橄欖油，加入洋蔥、牛胸腹肉，以小火拌炒爆香。

2. 加入壽喜燒醬、水，放入烏龍麵、魚板、鴻喜菇、紅蘿蔔，拌炒均勻。

3. 蓋上鍋蓋，以中火煮 5 分鐘。

4. 開蓋，轉大火，煮至稍微收乾湯汁。

5. 加入蔥段，盛盤。

6. 最後，撒上七味粉即可。

索引

本書使用食材與相關料理一覽表 (食材與料理依首字筆劃由少至多排序)

肉類

豬

豬小里肌肉
豚里肌果香醋燒 P.48
酥炸豬排佐山葵美乃滋 P.42

豬五花肉
山葵蔥鹽醬燒豚丼 P.138
香煎果香豚五花 P.58
豚五花味噌燒 P.104
豚五花涮涮鍋 P.62
豚生薑燒 P.74
豚肉野菜焚合 P.126
豚肉鹽麴燒 P.80

雞

去骨雞腿肉（排）
香煎雞腿佐山葵蔥鹽醬 P.44
照燒雞腿丼 P.152
壽喜燒風親子丼 P.162
雞肉田樂味噌燒野菜 P.100
雞肉串燒 P.124

雞胸肉
山葵風雞肉沙拉 P.86
豆腐田樂燒 P.46
明太子醬唐揚雞 P.52
醬燒雞肉炒野菇 P.72

牛

牛胸腹肉片
牛肉壽喜燒丼 P.160
牛肉壽喜燒烏龍麵 P.164

肋眼牛排
牛肋排香蒜燒 P.128
香煎牛排佐山葵洋蔥醬 P.38

海鮮類

九孔鮑
山葵風三鮮拌物 P.40
香橙海鮮釜燒 P.60
海之幸陶燒 P.122
紫蘇奶油海鮮麵 P.150
蟹香海鮮雜炊 P.158

比目魚片
酥炸魚排佐梅醬 P.66
蒜味噌蒸魚 P.130

草蝦
山葵風三鮮拌物 P.40
山藥海老拌梅香 P.120
香橙海鮮釜燒 P.60
海之幸陶燒 P.122
海老明太子燒 P.54
紫蘇奶油海鮮麵 P.150
紫蘇梅香海老 P.68
蟹香海鮮雜炊 P.158

蛤蜊
酒蒸蛤蜊奶油風 P.70
紫蘇奶油海鮮麵 P.150

鮭魚片
奶油味噌鮭魚丼 P.140
鮭魚西京燒 P.102

鱸魚片
山葵風三鮮拌物 P.40
水果醋酒蒸鱸魚 P.108
旨煮鮮魚 P.76
香柚蒸魚 P.114
鮮魚味噌煮 P.98
鮮魚魚田燒 P.106
蟹香海鮮雜炊 P.158

蔬果類

瓜果根莖

小黃瓜
昆布味噌蔬菜棒 P.116
明太子天使髮絲麵 P.142
豚肉胡麻冷麵 P.146
槍烏賊柚香拌物 P.112
蟹肉蕎麥冷麵 P.154
鹽麴淺漬黃瓜 P.134

日本山藥
山葵風水果沙律 P.88
山藥明太子焗燒 P.110
山藥海老拌梅香 P.120
槍烏賊柚香拌物 P.112

牛番茄
山葵風雞肉沙拉 P.86
山葵蔥鹽醬燒豚丼 P.138

牛蒡
牛肉壽喜燒丼 P.160
旨煮鮮魚 P.76

玉米
豚肉野菜焚合 P.126
蟹粉炊飯 P.156

玉米筍
山葵風溫野菜 P.36
海之幸陶燒 P.122

白蘿蔔
水果醋酒蒸鱸魚 P.108
酥炸魚排佐梅醬 P.66
鮮魚味噌煮 P.98

青椒
牛肋條燒肉丼 P.144
深夜燒肉 P.56
雞肉田樂味噌燒野菜 P.100

洋蔥（紫）
山葵蔥鹽醬 P.25
牛肉壽喜燒丼 P.160
牛肉壽喜燒烏龍麵 P.164
奶油味噌鮭魚丼 P.140
明太子天使髮絲麵 P.142
炙燒牛肉洋蔥捲 P.50
香煎牛排佐山葵洋蔥醬 P.38
香煎果香豚五花 P.58
香橙海鮮釜燒 P.60
海之幸陶燒 P.122
豚生薑燒 P.74
豚肉鹽麴燒 P.80
紫蘇奶油海鮮麵 P.150
酥炸魚排佐梅醬 P.66
酥炸豬排佐山葵美乃滋 P.42
壽喜燒風親子丼 P.162
醬燒雞肉炒野菇 P.72
雞肉田樂味噌燒野菜 P.100

珍珠洋蔥
牛肋條燒肉丼 P.144
香煎牛排佐山葵洋蔥醬 P.38
扇貝蒜味燒 P.132
深夜燒肉 P.56
豚肉野菜焚合 P.126

紅蘿蔔
山葵風三鮮拌物 P.40
山葵風馬鈴薯沙拉 P.90
山葵風溫野菜 P.36
水果醋酒蒸鱸魚 P.108
牛肉壽喜燒丼 P.160

166

牛肉壽喜燒烏龍麵 P.164
牛肋條燒肉丼 P.144
旨煮鮮魚 P.76
昆布味噌蔬菜棒 P.116
豚肉胡麻冷麵 P.146
豚肉野菜焚合 P.126
紫蘇奶油海鮮麵 P.150
鮮魚味噌煮 P.98
蟹粉炊飯 P.156

香吉士
香柚蒸魚 P.114
香橙海鮮釜燒 P.60

馬鈴薯
山葵風馬鈴薯沙拉 P.90
香煎牛排佐山葵洋蔥醬 P.38
豚肉野菜焚合 P.126

甜豆莢
奶油味噌燒野菜 P.94
明太子醬唐揚雞 P.52
香橙海鮮釜燒 P.60
豚里肌果香醋燒 P.48

甜椒（紅、黃）
九孔奶油味噌燒 P.94
牛肋條燒肉丼 P.144
奶油味噌燒野菜 P.94
奶油味噌燒鮭魚丼 P.140
明太子醬唐揚雞 P.52
香橙海鮮釜燒 P.60
時蔬胡麻拌物 P.64
海之幸陶燒 P.122
深夜燒肉 P.56
豚里肌果香醋燒 P.48
蒜味噌蒸魚 P.130
鮮魚田燒 P.106
醬燒雞肉炒野菇 P.72
雞肉田樂味噌燒野菜 P.100

聖女番茄
山葵風水果沙律 P.88
山葵蔥鹽牛培根 P.92
香煎牛排佐山葵洋蔥醬 P.38
紫蘇梅香海老 P.68
酥炸豬排佐山葵美乃滋 P.42

檸檬（青）
山葵蔥鹽牛培根 P.92
果香燒肉醬 P.28
炙燒牛肉洋蔥捲 P.50
香煎雞腿佐山葵蔥鹽醬 P.44
深夜燒肉 P.56

｜蕈菇｜

鴻喜菇
山葵風溫野菜 P.36
牛肉壽喜燒烏龍麵 P.164
奶油味噌燒野菜 P.94
時蔬胡麻拌物 P.64
豚五花涮涮鍋 P.62
醬燒雞肉炒野菇 P.72
蟹香茶碗蒸 P.78
蟹粉炊飯 P.156

｜蔬菜｜

花椰菜（綠、白）
山葵風溫野菜 P.36
奶油味噌燒野菜 P.94
旨煮鮮魚 P.76

青江菜
海之幸陶燒 P.122
豚肉野菜焚合 P.126

高麗菜
豚生薑燒 P.74
酥炸魚排佐梅醬 P.66
酥炸豬排佐山葵美乃滋 P.42
雞肉田樂味噌燒野菜 P.100

菠菜
奶油味噌燒鮭魚丼 P.140
時蔬胡麻拌物 P.64
鮮魚味噌煮 P.98

辛香料

綠紫蘇（紫蘇葉）
山葵風水果沙律 P.88
紫蘇梅香海老 P.68
紫蘇蒜香奶油醬 P.30

蒜
山葵蔥鹽醬 P.25
果香燒肉醬 P.28
胡麻醋 P.29
香煎牛排佐山葵洋蔥醬 P.38
香煎雞腿佐山葵蔥鹽醬 P.44
豚五花味噌燒 P.104
紫蘇蒜香奶油醬 P.30
蒜香味噌 P.33

蔥
九孔奶油味噌燒 P.94
小白魚昆布味噌豆腐 P.118
山葵風雞肉沙拉 P.86
山葵蔥鹽醬 P.25

山葵蔥鹽醬燒豚丼 P.138
山藥海老拌梅香 P.120
水果醋酒蒸鱸魚 P.108
牛肉壽喜燒丼 P.160
牛肉壽喜燒烏龍麵 P.164
牛肋排香蒜燒 P.128
牛肋條燒肉丼 P.144
豆腐田樂燒 P.46
果香燒肉醬 P.28
炙燒牛肉洋蔥捲 P.50
香柚蒸魚 P.114
香煎果香豚五花 P.58
扇貝蒜味燒 P.132
酒蒸蛤蜊奶油風 P.70
豚五花涮涮鍋 P.62
豚生薑燒 P.74
豚肉胡麻冷麵 P.146
豚肉鹽麴燒 P.80
紫蘇奶油海鮮麵 P.150
壽喜燒風親子丼 P.162
蒜味噌蒸魚 P.130
鮮魚魚田燒 P.106
醬燒雞肉炒野菇 P.72
蟹肉蕎麥冷麵 P.154
蟹香海鮮雜炊 P.158
蟹粉炊飯 P.156

薑（嫩、老）
山葵風雞肉沙拉 P.86
山葵蔥鹽醬 P.25
明太子醬唐揚雞 P.52
果香燒肉醬 P.28
香柚蒸魚 P.114
酒蒸蛤蜊奶油風 P.70
豚生薑燒 P.74
蒜味噌蒸魚 P.130
鮭魚西京燒 P.102
鮮魚味噌煮 P.98

奶蛋 & 豆製品

毛豆仁
山葵風三鮮拌物 P.40
山葵風馬鈴薯沙拉 P.90
時蔬胡麻拌物 P.64
蟹香茶碗蒸 P.78
蟹粉炊飯 P.156

板豆腐
小白魚昆布味噌豆腐 P.118
水果醋酒蒸鱸魚 P.108
豆腐田樂燒 P.46
時蔬胡麻拌物 P.64

無鹽奶油
奶油味噌 P.25
明太子奶油醬 P.27
紫蘇蒜香奶油醬 P.30

雞蛋（蛋黃）
山葵風馬鈴薯沙拉 P.90
牛肉壽喜燒丼 P.160
奶油味噌 P.25
奶油味噌燒野菜 P.94
田樂味噌醬 P.26
明太子醬唐揚雞 P.52
柚子味噌醬 P.28
香橙海鮮釜燒 P.60
海老明太子燒 P.54
豚里肌果香醋燒 P.48
酥炸魚排佐梅醬 P.66
酥炸豬排佐山葵美乃滋 P.42
壽喜燒風親子丼 P.162
鮮魚魚田燒 P.106
蟹香海鮮雜炊 P.158
蟹香茶碗蒸 P.78

其他

火腿片
山葵風馬鈴薯沙拉 P.90
明太子天使髮絲麵 P.142

昆布
山葵風雞肉沙拉 P.86
水果醋酒蒸鱸魚 P.108
和風水果醋 P.27
祕製昆布味噌 P.29
豚五花涮涮鍋 P.62
萬能八方汁 P.31
壽喜燒醬 P.32
鹽麴鰹魚醬 P.33

柴魚片
鹽麴淺漬黃瓜 P.134
鹽麴醬涼拌時蔬 P.82

海苔
昆布味噌烤御飯糰 P.148
祕製昆布味噌 P.29
蟹肉蕎麥冷麵 P.154

乾香菇
萬能八方汁 P.31
鹽麴鰹魚醬 P.33

培根（牛）
山葵風溫野菜 P.36
山葵蔥鹽牛培根 P.92

魚板
牛肉壽喜燒烏龍麵 P.164
豚五花涮涮鍋 P.62
紫蘇奶油海鮮麵 P.150
蟹香海鮮雜炊 P.158
蟹香茶碗蒸 P.78

醬料

山葵油醋醬
山葵風水果沙律 P.88
山葵風溫野菜 P.36
山葵風雞肉沙拉 P.86
香煎牛排佐山葵洋蔥醬 P.38

山葵蔥鹽醬
山葵蔥鹽牛培根 P.92
山葵蔥鹽醬燒豚丼 P.138
香煎雞腿佐山葵蔥鹽醬 P.44

奶油味噌
九孔奶油味噌燒 P.94
奶油味噌燒野菜 P.94
奶油味噌鮭魚丼 P.140

田樂味噌醬
豆腐田樂燒 P.46
鮮魚味噌煮 P.98
雞肉田樂味噌燒野菜 P.100

百搭山葵美乃滋
山葵風三鮮拌物 P.40
山葵風馬鈴薯沙拉 P.90
酥炸豬排佐山葵美乃滋 P.42

西京味噌
豚五花味噌燒 P.104
鮭魚西京燒 P.102
鮮魚魚田燒 P.106

和風水果醋
水果醋酒蒸鱸魚 P.108
炙燒牛肉洋蔥捲 P.50
豚里肌果香醋燒 P.48

明太子奶油醬
山藥明太子焗燒 P.110
明太子天使髮絲麵 P.142
明太子醬唐揚雞 P.52
海老明太子燒 P.54

果香燒肉醬
牛肋條燒肉丼 P.144
香煎果香豚五花 P.58
深夜燒肉 P.56

柚子味噌醬
香柚蒸魚 P.114
香橙海鮮釜燒 P.60
槍烏賊柚香拌物 P.112

胡麻醋
時蔬胡麻拌物 P.64
豚五花涮涮鍋 P.62
豚肉胡麻冷麵 P.146

祕製昆布味噌
小白魚昆布味噌豆腐 P.118
昆布味噌烤御飯糰 P.148
昆布味噌蔬菜棒 P.116

梅子油醋醬
山藥海老拌梅香 P.120
紫蘇梅香海老 P.68
酥炸魚排佐梅醬 P.66

紫蘇蒜香奶油醬
海之幸陶燒 P.122
酒蒸蛤蜊奶油風 P.70
紫蘇奶油海鮮麵 P.150

照燒醬
照燒雞腿丼 P.152
醬燒雞肉炒野菇 P.72
雞肉串燒 P.124

萬用蟹粉醬
蟹香海鮮雜炊 P.158
蟹香茶碗蒸 P.78
蟹粉炊飯 P.156

萬能八方汁
旨煮鮮魚 P.76
豚生薑燒 P.74
蟹肉蕎麥冷麵 P.154

壽喜燒醬
牛肉壽喜燒丼 P.160
牛肉壽喜燒烏龍麵 P.164
豚肉野菜焚合 P.126
壽喜燒風親子丼 P.162

蒜香味噌
牛肋排香蒜醬 P.128
扇貝蒜味燒 P.132
蒜味噌蒸魚 P.130

鹽麴鰹魚醬
豚肉鹽麴燒 P.80
鹽麴淺漬黃瓜 P.134
鹽麴醬涼拌時蔬 P.82

日本製
Made in Japan

UNILLOY
極輕薄・鑄鐵平底鍋
燕三条

一只適合天天使用的鑄鐵鍋　帶你創造美味料理。

更優異的導熱性

nilloy 鑄鐵平底鍋以極致輕薄著稱，鍋底厚度僅 2.5mm
僅減輕重量，更大幅提升導熱效率。其獨特的 均溫、控
、保溫 三大優勢，使鍋內熱能分佈均勻，並有效維持穩
溫度。

紅外線效應比傳統鐵鍋更為顯著，能迅速加熱較厚的食材
如牛排，使其表面均勻受熱，鎖住食材鮮嫩口感
完美呈現大師級料理。

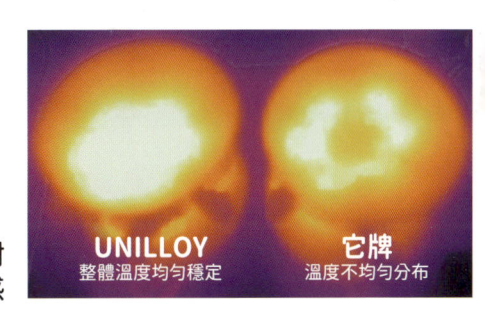

UNILLOY 整體溫度均勻穩定
它牌 溫度不均勻分布

我只有 1.3kg！
僅市售鑄鐵鍋的一半重量

輕量化
一體成型

官方網站

LEGACY COMMERCIAL DEVELOPMENT INC
安永豐業股份有限公司

服務專線：02-29330637
官方網站：www.hom-wok.com

KOKUMORI

簡單調味・幸福美味

醇米霖

MIRIN

醱酵調味品。
提鮮・增色・去鹹的高品質

CLEAN LABEL
雙潔淨標章

雙潔淨標章產品
CLEAN LABEL

台灣米

獨家米麴

穀盛醇米霖

使用米麴與台灣國產米釀製而成之高品質醇米霖，
經優質的發酵製程與工法釀造出天然回甘的甜味與鮮味，
口感甘醇，散發自然香氣，
可取代砂糖、味精、使料理美味可口甜而不膩，
改善食物中的口感、腥味、更可軟化肉質增加食物香氣及光澤度，
適用於各式蒸煮、燒烤及滷味料理中。

KOKU MORI
穀盛股份有限公司
KOKUMORI FOOD CO.,LTD.　HACCP　ISO22000

www.kokumori.com

亦承風味醬

究醬組合

- 山葵燒肉醬
- 山葵味增醬
- 山葵油醋醬
- 山葵風味醬
- 山葵雙醬麵 3入裝
- 椒麻雙醬麵 3入裝

全台獨有 **真** 山葵

每個人的廚房都要有一包
亦承風味醬

日料職人 王祥富 誠心推薦

阿富師專屬折扣碼 / fufu95

即可享有全館 **95** 折

官網　問卷　LINE　IG

丸莊醬油
WUAN CHUANG SOY SAUCE
100th
【純釀美味・傳承百年】
新品上市
wuanchuang.com
丸莊醬油 － 台灣人幸福的味道
【銷售據點】
各大量販 家樂福 大全聯 愛買
各大超市 全聯福利中心 家樂福超市 美廉社 楓康超市
【直營門市】
觀光工廠門市
雲林縣西螺鎮延平北路25號
台北門市
台北市重慶北路三段101號
高鐵雲林站門市

廚房 Kitchen 0152

職人「醬」魂料理帖：

親授 20 款實用和風醬料╳快手料理、居酒屋下酒菜、一人份の丼飯麵食，
一醬多變，輕鬆變身日式餐桌，天天吃也不會膩！

作　　　者	王祥富

總　編　輯	鄭淑娟
編　　　輯	李冠慶
行銷主任	邱秀珊
攝　　　影	蕭維剛
美術設計	張芷瑄
內頁排版	初雨有限公司（ivy_design）

出　版　者	日日幸福事業有限公司
電　　　話	（02）2368-2956
傳　　　真	（02）2368-1069
地　　　址	106 台北市和平東路一段 10 號 12 樓之 1
郵撥帳號	50263812
戶　　　名	日日幸福事業有限公司
法律顧問	王至德律師
電　　　話	（02）2341-5833
發　　　行	聯合發行股份有限公司
電　　　話	（02）2917-8022
印　　　刷	中茂分色印刷股份有限公司
電　　　話	（02）2225-2627
初版一刷	2025 年 4 月
定　　　價	430 元

國家圖書館出版品預行編目(CIP)資料

職人「醬」魂料理帖：親授20 款實用和風醬料╳快手料理、居酒屋下酒菜、一人份の丼飯麵食，一醬多變，輕鬆變身日式餐桌，天天吃也不會膩！/ 王祥富著. -- 初版. -- 臺北市：日日幸福事業有限公司出版；[新北市]：聯合發行股分有限公司發行, 2025.04
　面；　公分. --（廚房Kitchen；152）
ISBN 978-626-7414-50-7(平裝)

1.CST: 調味品 2.CST: 食譜

427.61　　　　　　　　　　114002901

版權所有　翻印必究
※ 本書如有缺頁、破損、裝訂錯誤，請寄回本公司更換

SPECIAL GIFTS FOR YOU!

精緻好禮大相送，都在日日幸福！

只要填好讀者回函卡寄回本公司（直接投郵），
您就有機會獲得以下大獎。

| 德國 turk |
一體成型雙耳鍋 28cm
市價 6,980 元／1 名

| 德國 turk |
一體成型雙耳鍋 24cm
市價 5,460 元／1 名

| 日本 UNILLOY |
極薄鑄鐵平底鍋 26cm
市價 4,980 元／1 名

| 奧地利 RIESS |
琺瑯單柄醬汁鍋 1L（小豆蔻）
市價 3,780 元／1 名

| 奧地利 RIESS |
琺瑯單柄醬汁鍋 750ml（鄉村果園）
市價 2,780 元／1 名

| 亦承風味醬 |
究醬組合（山葵風味醬、
山葵油醋醬、山葵燒肉醬、
山葵味增醬、雙醬拌麵各一）
市價 1,080 元／15 名

參加辦法

只要購買《職人「醬」魂料理帖》，填妥書中「讀者回函卡」（免貼郵票）於 2025 年 07 月 25 日（郵戳為憑）寄回【日日幸福】，本公司將抽出以上幸運獲獎的讀者，得獎名單將於 2025 年 08 月 05 日公佈在：
日日幸福臉書粉絲團：https://www.facebook.com/happinessalwaystw

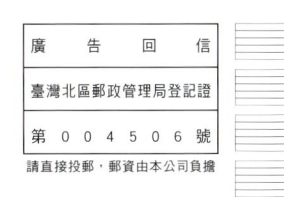

廣告回信
臺灣北區郵政管理局登記證
第 0 0 4 5 0 6 號
請直接投郵，郵資由本公司負擔

10643
台北市大安區和平東路一段10號12樓之1
日日幸福事業有限公司　收

讀 者 回 函 卡

感謝您購買本公司出版的書籍,您的建議就是本公司前進的原動力。請撥冗填寫此卡,我們將不定期提供您最新的出版訊息與優惠活動。

▶

姓名:＿＿＿＿＿＿＿＿　性別:□男　□女　出生年月日:民國＿＿＿年＿＿＿月＿＿＿日
E-mail:＿＿＿＿＿＿＿＿＿＿＿＿＿＿＿＿＿＿
地址:□□□□□＿＿＿＿＿＿＿＿＿＿＿
電話:＿＿＿＿＿＿　手機:＿＿＿＿＿＿　傳真:＿＿＿＿＿＿
職業:□學生　　　　□生產、製造　　□金融、商業　　□傳播、廣告
　　　□軍人、公務　□教育、文化　　□旅遊、運輸　　□醫療、保健
　　　□仲介、服務　□自由、家管　　□其他

▶

1. 您如何購買本書? □一般書店(＿＿＿書店) □網路書店(＿＿＿書店)
　　　　　　　　　 □大賣場或量販店(＿＿＿) □郵購 □其他
2. 您從何處知道本書? □一般書店(＿＿＿書店) □網路書店(＿＿＿書店)
　　　　　　　　　　 □大賣場或量販店(＿＿＿) □報章雜誌 □廣播電視
　　　　　　　　　　 □作者部落格或臉書 □朋友推薦 □其他
3. 您通常以何種方式購書(可複選)? □逛書店 □逛大賣場或量販店 □網路 □郵購
　　　　　　　　　　　　　　　　　□信用卡傳真 □其他
4. 您購買本書的原因? □喜歡作者 □對內容感興趣 □工作需要 □其他
5. 您對本書的內容? □非常滿意 □滿意 □尚可 □待改進＿＿＿＿＿
6. 您對本書的版面編排? □非常滿意 □滿意 □尚可 □待改進＿＿＿＿＿
7. 您對本書的印刷? □非常滿意 □滿意 □尚可 □待改進＿＿＿＿＿
8. 您對本書的定價? □非常滿意 □滿意 □尚可 □太貴
9. 您的閱讀習慣:(可複選) □生活風格 □休閒旅遊 □健康醫療 □美容造型 □兩性
　　　　　　　　　　　　 □文史哲 □藝術設計 □百科 □圖鑑 □其他
10. 您是否願意加入日日幸福的臉書(Facebook)? □願意 □不願意 □沒有臉書
11. 您對本書或本公司的建議:＿＿＿＿＿＿＿＿＿＿＿＿＿＿＿＿＿＿＿＿
＿＿＿＿＿＿＿＿＿＿＿＿＿＿＿＿＿＿＿＿＿＿＿＿＿＿＿＿＿＿＿＿＿＿
＿＿＿＿＿＿＿＿＿＿＿＿＿＿＿＿＿＿＿＿＿＿＿＿＿＿＿＿＿＿＿＿＿＿

註:本讀者回函卡傳真與影印皆無效,資料未填完整即喪失抽獎資格。